U0176246

THE SHARK AND THE ALBATROSS

〔英〕约翰·艾奇逊

著

王尔笙 译

BBC御用摄影师
20年野生动物拍摄笔记

# 消失的

# 脚印

（新版）

JOHN AITCHISON

天津出版传媒集团

天津科学技术出版社

著作权合同登记号：图字 02-2019-345

THE SHARK AND THE ALBATROSS: Travels with a Camera to the
Ends of the Earth by John Aitchison
Copyright © Otter Films Ltd, 2015
Maps copyright © Freya Aitchison, 2015
First published in Great Britain in 2015 by PROFILE BOOKS LTD
Simplified Chinese Edition © 2020 by United Sky (Beijing) New Media
Co., Ltd.
ALL RIGHTS RESERVED

## 图书在版编目（CIP）数据

消失的脚印：新版 / (英) 约翰·艾奇逊著；王尔
笙译. -- 天津：天津科学技术出版社，2020.4
书名原文：The Shark and the Albatross
ISBN 978-7-5576-7383-3

Ⅰ.①消… Ⅱ.①约… ②王… Ⅲ.①动物－普及读
物 Ⅳ.①Q95-49

中国版本图书馆CIP数据核字(2020)第009375号

消失的脚印（新版）
XIAOSHI DE JIAOYIN (XINBAN)

选题策划：联合天际
责任编辑：布亚楠
出　　版：天津出版传媒集团
　　　　　天津科学技术出版社
地　　址：天津市西康路35号
邮　　编：300051
电　　话：（022）23332695
网　　址：www.tjkjcbs.com.cn
发　　行：未读（天津）文化传媒有限公司
印　　刷：三河市冀华印务有限公司

开本 710 × 1000　1/16　印张17　插页8　字数230 000
2020年4月第1版第1次印刷
定价：58.00元

关注未读好书

未读 CLUB
会员服务平台

谨以此书献给我的家人
并以此纪念教我观察的祖母

# 目 录

前 言

# 鲨鱼和信天翁

云起。水光明灭。狭长的沙滩洁白无瑕：一座完全由破碎的珊瑚和贝壳构成的小岛。我的脚下则是波浪层叠起伏的大海，碧似猫眼，明净如玻璃。岛上的七丛矮灌木被咸湿的海风塑造得千姿百态，再加上一些海鸟作为装饰，从远处看很像低矮的圣诞树。这些海鸟是燕鸥的一种，身体呈巧克力色。它们散落在树上，迎风而立——永不停歇的风啊！岛上数量最多的鸟类是黑脚信天翁，它们体形硕大，羽毛呈深棕色，脸部灰白。不用说，你已经猜到了鸟脚的颜色，但最有特点的还是它们的翅膀——翼展超过了我的身高。

暴风雨将至，天空越来越阴沉，海面变成了绿松石色，如牛奶一般。一阵狂风横扫整座小岛，所有信天翁都张开了翅膀，有数百只之多。它们充满飞翔的渴望，这里的风，是它们生命的寄托。这些信天翁都还很幼小，仅有几个月大。胆大的借助风势飞起 1 米多高，双脚下垂，竭力保持平衡，这是它们第一次尝试飞行。这些鸟儿一生中的大部分时间将在空中度过——没错，有一天它们会离开这座小岛。

这座岛是弗伦奇弗里盖特沙洲的一部分，如果从夏威夷的火奴鲁鲁乘船，要用 4 天时间才能到达这里。我是在一个距离小岛 30 米的海中小平台上观察这座岛的。海浪离我只有 1 米远，而此处的水深大约是 3 米。这个平台有些摇摇晃晃，却是拍摄幼小的信天翁投入大海怀抱的绝佳地点。

太阳升起，我坐在沙滩上，一只小信天翁就站在我的身旁，触手可及。它对我一点儿戒备都没有，自顾自地在我脚边啄食，随后转身走到水畔。我的镜头一直跟着它，从取景器里可以看到它深色的眼睛，背景中翻滚的波浪、洁白的海滩，还有一个男人的侧影。他正顶着太阳蹲在自己的三脚架旁。为了拍下信天翁迎风展翅的瞬间，为了取得它的信任，放下人类的身段是必要的。两周后，它和岛上其他的信天翁要么会离开这里，要么因尝试飞行失败而夭折。我改变焦点，将镜头对准这只信天翁的脚：沙滩上的一对黑色三角形爪子。它脑袋投下的阴影恰好落在两只爪子之间，构成了一个完整的信天翁形象。一股波浪涌上来，淹没了它的脚，但它上半身的倒影仍驻留在泛起的水沫中，直到浪头退下，完整的身影重新进入我的镜头。一只军舰鸟的影子掠过它的背、我的脸和明晃晃的沙滩。我经常沉迷于拍摄影子。我喜欢它们暗示现实却又不同于事物本身的特质，就像照片或电影带给我的感受。我还喜欢它们的构成方式——当光线投于有形之物上便会出现。后来，我也喜欢我自己的影子进入别人的视野。

我从拍摄平台上仔细地观察大海，时而举目远望，时而低头俯视。海面令人迷醉。海床的景象透过海水这波动无休的透镜展现出来：沙波就像我们的指纹一样，紧密地排列着，一圈圈向外伸展。光线交织成网，随起伏的海浪跃动，每一道粼波细浪上都映出太阳的形象。这台摄像机本可以慢速播放，让我探究海洋光学的奥秘，但我绝不会去尝试，因为我不想破解大自然的咒语；相反，我只是痴迷地欣赏光影炫舞之美。在神秘莫测的大海之中，还有其他影子在移动——很大的影子，有时比我还大。这也是我日复一日站在这里的原因。对，我在寻找影子，它们都是移形换影的精灵。原本状似绿海龟的影子，稍一变身，浮出水面的是僧海豹胡子拉碴的面庞。有些影子微光闪闪，停在原处一动不动，变成岩石或珊瑚礁。有些影子更长、更幽暗，也更摇曳不定。还有些影子则更危险。

又一阵狂风席卷海滩,信天翁的翼尖在空中舞动。浪花打湿了它们的脚趾,它们会从这里腾飞,这将是它们第一次飞到大海之上。我很好奇,要是这群信天翁知道等待着它们的是什么,会有多少宁愿饿死也想留在海滩上呢?

我所在平台的影子向海岸方向斜映过去,横贯海面一直延伸到沙滩上:三块木板、一段栏杆、三脚架和我。不过,在我和海岸之间,还有一个模糊的身影在游动,有我身高的两倍那么长。离影子不远的地方,有几只信天翁正在练习飞翔,对危险浑然不觉。这个家伙游经我的影子,我影子的头部顺次接触到它的眼睛、锐利的背鳍和皮肤。它的皮肤上有类似于光斑的条纹,方便它在光影变幻中隐身,就像它的名字"虎"暗示的一样,只不过这只"虎"是一条鲨鱼。在我的影子下面,它改变了方向。这条虎鲨也看到了我。

那几只信天翁感受着微风,踮起脚,敏锐地意识到气流正拂过翅膀:它们从每一个长有羽毛的毛孔里感知到了这一切。现在它们差不多做好了飞行的准备,可我的心里很纠结。我从很远的地方专程来到这里,拍下这些鸟儿死亡的过程似乎令人恐惧,但如果不记录下发生的真相,我就算失败了。这些幼小的信天翁十分漂亮,但其中一些很快将与死神会面。那么,我能希望每只信天翁都逃出鲨鱼的魔爪吗?我想,我可以这样希望;但我也很清楚,这什么都改变不了,无论如何我都要做到忠实记录。即使我想拯救它们,我也不能,因为鲨鱼也要吃饭。

我们不能干涉。这是原则,也是摄影师必须坚持的信条。我们只能记录,不能触动。当然,要坚守这一信条,有时真的很难。

一只信天翁从海滩上腾空而起,完全脱离了地面。它朝我这边飞了过来,对我们彼此而言,考验都已开始。这只鸟在空中摇摇晃晃地飞行。不难想到,它在努力保持平衡以免掉入水中。它从我面前飞过,飞得很慢很慢,它降落到了海面上。透过镜头，我能看到它游得很从容。我开始摄像。这只鸟颇有效率地分三步将翅膀收起，开始划水。我全身一动不动，把注意力集中在对焦、构图和其他与摄像有关的事情上。在很大程度上，摄像是我的第二本能，它让我可以有一些时间思考，我为什么到这儿来，为什么来到海上与这些信天翁待在一起。我又一次看到了它的眼睛，但这一次它的眼中只映出了太阳的光点。这只信天翁幼鸟彻底落单了。

当信天翁游过来时，鲨鱼也做好了攻击的准备。

大海突然沸腾了。一颗有鸟四倍大的头颅从水下冒出来，将这只鸟顶向空中，它的翅膀拖曳在身后。在水下世界，与无定形的海水相比，鲨鱼的身体结实得不可思议，就像一把利刃。它的眼睛是单调的白圈，覆着僵尸一般的膜，在实施攻击时会不由自主地闭上，这就意味着它的攻击是盲目的，它并没看到那只信天翁毫发无损地从它的大头侧面滑脱。

鲨鱼三角形的鱼鳍划过水面，比幼鸟高出很多，它们的距离只在毫厘之间。鲨鱼的尾巴一甩，猛地转身，准备卷土重来。摄像机继续跟进，我屏住呼吸。鲨鱼再次猛冲过来，我看到鲨鱼的下巴向前扯动，它准备咬住猎物，但幼鸟被海浪推到了鲨鱼侧面，鲨鱼再次与猎物擦肩而过。

信天翁抓住机会，亡命"奔"逃，对鸟类而言，这显然有些狼狈不堪。它挣扎着在海面上寻找落脚点并拼命地鼓动翅膀。它获得了空气的升力，摆脱了大海的纠缠，这一次它没有停下来。鲨鱼又做了几次狂乱的攻击，最终放弃了。不知道信天翁对这次飞行的理解有多深呢？或许信天翁没想那么多，它再一次消失了，空中的身影定格在我的镜头中。

接下来的几天里，还会有更多的尝试者。鲨鱼在等着它们，当然我也在等着它们，但我现在甚感欣慰——至少我看到第一只信天翁逃出生天了。

我从信天翁的视角拍摄到这一幕，因此不可避免地会对这种鸟产生同情，但我们团队中还有水下摄影师，负责拍摄水下发生的事情，他们观察这件事的角度与我不同。尽管冒着更大的危险，他们每次浮出水面都满怀敬佩之情，对我讲述鲨鱼那令人惊叹的对时机的把握能力，以及非凡的导航本领。鲨鱼每年都会来到这片弹丸之地，只为捕食学习飞行的幼鸟。他们指出，鲨鱼对海洋的健康至关重要，并低声描述了鲨鱼的美丽和过度捕捞导致它们的种群数量急剧下降的现状。

从影片的拍摄、编辑乃至旁白，观众可以发现我们同情哪种动物，毫无疑问，许多观众也会和我们一样选边站队——但我们真的必须在鲨鱼和信天翁之间做出选择吗？

本书中的每个章节都会讲述一次这样的旅程，它们都来自20年来我为BBC（英国广播公司）等广播公司进行的拍摄工作。除了壮观的野生动物场景，您还会认识一些新朋友，他们通常隐藏在镜头背后。和野生动物一样，这些人性格各异、活泼有趣，并且是自然纪录片拍摄工作中不可或缺的角色。我之所以选择写下这些故事，是因为每一个故事都传递出自然的重要性。我希望这些故事也能让大家明白：我们观看自然纪录片了解野生动物，不仅会给我们的生活带来一些不同，也会为动物们的生活带来改变。

我们的旅行范围很广，对很多野生动物正在死亡线上挣扎的现实，我们无法视而不见。比如，在弗伦奇弗里盖特沙洲，我们看到了死去的信天翁雏鸟，它们是被塑料噎死的，因为它们的亲鸟错把塑料当成了食物。跟信天翁、虎鲨还有许多其他动物相处久了，我就清楚地意识到，我们都在面临选择，面临对野生动物保持怎样的关注才适当的选择，就像我在拍摄平台上所经历的那样，而这些选择至关重要。归根结底，这是人与动物该如何共享自然资源的问题。我们可以有意识地选择，也可以随波逐流，无论怎样，我们都正在做出选择。

最为重要的选择，并不是"站在捕食者的一边，还是猎物的一边"，而是

"站在大自然的一边，还是它的对立面"：我们想要的是鲨鱼和信天翁，抑或两者都不是。本书讲述的正是这样一种心路历程。

野生动物纪录片的拍摄地，并不仅限于热带天堂。本书中的多数旅程都发生在寒冷地带，比如北冰洋、南极洲、马尔维纳斯群岛（福克兰群岛）和阿留申群岛（均为BBC《冰冻星球》纪录片的拍摄地），还有冬季的鄱阳湖和黄石国家公园。当然，也有温暖的行程穿插其中，比如印度，甚至春日里的纽约城。

世界上最令人激动的两种动物是帝企鹅和北极熊。它们都生活在极点附近，正好分别位于南北两极，多年来我一直梦想着能拍摄它们。《冰冻星球》给了我前往挪威最北端斯瓦尔巴群岛的机会，在那里我加入了拍摄北极熊捕猎的团队。我知道在高纬度北极地区生活、工作，与在热带地区拍摄鲨鱼和信天翁截然不同，但谁也没料到，光是找到正在捕猎的北极熊就颇费周折，更不必说进行拍摄了。

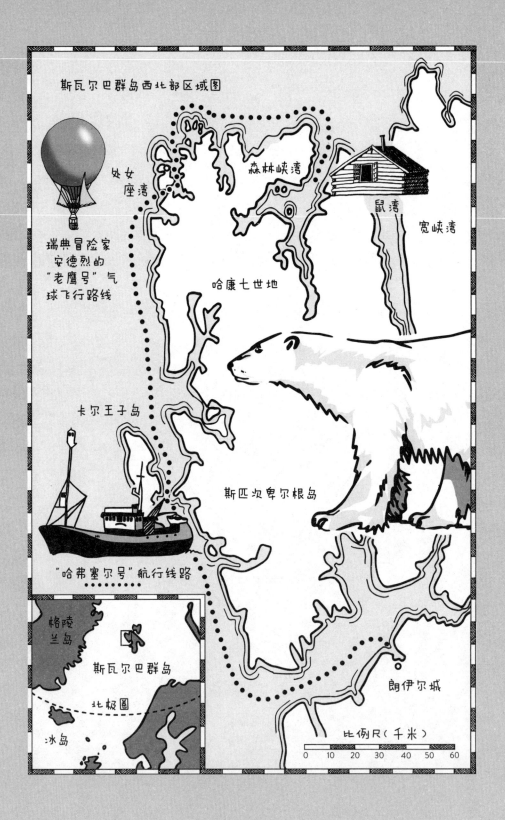

**1**

饥饿的北极熊

一块小浮冰漂了过来，上面有 8 个足印，每个足印都比我的双脚放在一起还大。熊的后爪留下的印迹像鞋盒，而前爪的印迹是圆形的，还能看出足内翻的特征。从爪垫印迹看，它在有意识地穿过这块浮冰，足印到水边就消失了。我们可以推测这头熊来过这里，但它已经走了。小浮冰摩擦着船壳，旋转着漂走，北极熊的去向扑朔迷离，而我们的追踪算是彻底失败了。我们不知道这头熊来自何方，又去往何处，如果拍摄北极熊都如此困难，那么北极熊可就成为无价之宝了。

制片人迈尔斯负责拍摄工作，他希望在北极熊一年中处境最为艰难的时间进行拍摄。出人意料的是，这段时间不在冬季北冰洋完全冰封的极夜期间。北极熊可以抵御严寒，能自由地漫步在冰海之上，捕猎爬到冰面上休息或产崽的海豹。对北极熊而言，冬季充满机遇。它们最艰难的时候是现在——夏季，要么继续到缩小的冰面上寻找海豹，要么从类似斯瓦尔巴群岛这样的地方登陆，寻找其他食物。

斯瓦尔巴群岛属于挪威，距离欧洲大陆北端超过 700 千米，与北极圈之间的距离是上述距离的两倍还多，但这个地区异常繁忙。朗伊尔城是群岛上唯一的城市，有 2000 多人居住在这里。城里有一座超市，甚至还有一所大学。开学第一周，所有学生都要上射击课。在朗伊尔城，不携带枪支出城属于违法行为，在野营用品商店，你可以按天租借枪支。朗伊尔城的路标毫不隐讳地道出理由：标准的红白色三角警示牌中心画的是北极熊。在斯瓦尔巴群岛，熊比人多。

我们的船叫"哈弗塞尔号"，我们对其知之甚少，只知道它的名字是"海豹"的意思，以及船从挪威港口城市特罗姆瑟出发并向北航行，其间曾停下来捕捞鳕鱼，船员都是挪威人——仅此而已。迈尔斯之所以选择它，不仅因为他询问过的其他船只船首安装了捕鲸炮，还因为"哈弗塞尔号"的下层甲板非常大，足以装下我们携带的大量器材。傍晚，我们开始装船，用徒手接力的方法把箱子一个接一个地从甲板传到船舱。有个箱子上标有"武器弹药"，船上的工程师掀开盖子，里面排列着步枪，还有用辣椒粉制成的罐装"防熊喷雾剂"。他拿出一罐，掂了掂，甩下一句话："对北极熊来说，这就是调味料啊！"

我们彻夜忙碌，而太阳依然没有落山，这与团队首次造访斯瓦尔巴群岛时的情景形成鲜明的对比——那次是冬季。在那次行程中，即便到了正午时分，天空依然如午夜般黑暗，气温徘徊在 –20℃上下。但对我们而言，天气再理想不过了，我们到这里来就是为了学习如何在恶劣条件下进行拍摄。在训练课大部分时间里，我们都在学习如何对付北极熊。教官告诉我们，北极熊在所有动物中简直是异类，有些熊甚至会猎食人类。课上有一张照片给我留下了难以磨灭的印象。在照片中，一个人被一头北极熊从帐篷里拖了出来。他一只脚的脚后跟被咬掉了，大半条腿上都是伤口。幸运的是，他成功地实施了自救，因为他睡觉时抱着一支上好子弹的步枪。这次我们以"哈弗塞尔号"为基地，而没有选择宿营，也是出于这个原因。

训练的那天，我们是在靶场度过的。教练来自斯瓦尔巴大学，在一个人人都叫某某"奥德"的国家，他却有一个完全不具挪威特色的名字——弗雷德。他似乎并未对教授一群英国自然主义者如何杀死北极熊感到厌烦，还解释了为什么杀死北极熊是必要的。他说："两个十多岁的女孩在这附近散步时，突然出现一头北极熊。两人大惊失色，谁也没带武器。一个女孩成功逃脱，另一个被熊咬死了。"

"要是她扔下手套，那头熊或许会停下来闻闻，她就能为自己争取一点儿时间。如果同样的事落到你头上，它，才是你的第一道防线。"他向我们展示了一把广口信号枪，"海冰时常破裂，北极熊对巨大的声响早已习以为常，因此信号枪较之其他枪支具有更好的震慑作用。"

为了印证他的说法，他向空中发射了一枚红色信号弹。在暗淡的背景下，信号弹显得异常明亮，但有些北极熊似乎并不害怕信号弹。弗雷德描述了一幕奇景：有一头北极熊试图闯进一座小屋，屋里的人打开窗户发射了一枚信号弹。耀眼的镁球擦着熊的鼻尖飞过，落在地上弹跳了几下。北极熊追过去，一口吞下了光球，又回到小屋前，就像什么都没有发生一样。

"因此我们还要练习使用步枪。"他说。

靶子全是北极熊的照片。

"四轮击发，开始射击！"

我瞄准目标，扣动扳机，"砰！"拉动枪栓，退掉弹壳，并用力前推装子弹，准备下一轮击发。瞄准，扣动扳机，试着不要闭眼，"砰！"拉枪栓，退弹壳，装弹，瞄准，扣动扳机，"砰！"再来，"砰！"枪声在看不到的群山中回响。雪花飘落，在靶场探照灯的照射下闪闪发亮。

我们走过去查看弹孔，照片中的北极熊死死地盯着我们。摄影师们的表现都很出色，大概是我们长时间使用长焦镜头的缘故。但我想说，如果我遇到了一头攻击我的北极熊，我宁愿使用辣椒喷雾剂，而不是朝它射击。弗雷德表示赞同，对付北极熊的上策是把它吓跑，但他补充道，在某些千钧一发的情况下，可能除了开枪别无选择。

"拍完这张照片后，这头熊就被射杀了。最终只有 1 米多远的距离。你的靶子设置在 30 米开外的地方。你觉得一头熊从那里跑过来要多长时间？"

答案是 4 秒，仅够瞄准并击发 4 次。

"不要花太长时间做决定。"他在我的靶子前驻足，看了一眼它胸前的几簇弹孔之后对我说，"枪法不错，熊死了。"

这是迄今为止，我收到的最不中听的赞扬。

西伯利亚猎人可能是最早到达斯瓦尔巴群岛的人类。而最早到达这里的欧洲人，可能是威廉·巴伦支率领的荷兰探险队，他们于 1596 年在寻找通往亚洲的东北通路的过程中到达此地。巴伦支记录，峡湾里到处是鲸。很快，荷兰人和英国人的船只就前来捕鲸。渐渐地，鲸几近绝迹，探矿的地质学家取代了捕鲸人。他们注意到，岛上冰冷的岩石含有生长于温暖气候中的植物的化石，甚至包括以煤炭形式保留下来的古代热带雨林的遗存。他们后来解开了谜团——确定斯瓦尔巴群岛连同化石在向北漂移。1906 年，一个名叫约翰·芒罗·朗伊尔的美国人在城里开了第一座煤矿，这座城市至今仍以他的名字命名。在这里工作可不轻松，为了挖到煤，矿工们除了要躲避北极熊，还要切割冰面和岩石。

第二次世界大战期间，朗伊尔城是唯一遭受德国战舰"提尔皮茨号"和"沙恩霍斯特号"炮轰的城市。德国人打散了小股挪威守备部队，还放火烧掉了一座煤矿。这次袭击颇有大炮打蚊子的意味，但德国人真正的攻击目标是气象观测站而非煤矿。寒冷的北极空气会对欧洲大部分地区的天气产生影响，结合斯瓦尔巴群岛传来的最新气象信息做出的准确的天气预报，对交战双方制订空袭计划、安排飞机起降及袭击运输船只都至关重要。在纳粹德国空军的炮火掩护下，一队气象学家被派往一座偏僻的小岛。在相当长的一段时间里，同盟国军队甚至都没有注意到他们的存在，因为同盟国也在匆忙重建自己的气象站。后来，这里偶尔会发生小规模战斗。一位不走运的气象员拍摄了几张鸟类照片后，在返回居住小屋的途中被流弹击中——这算是磨炼野生动物摄影师意志的小故事吧。到 1944 年，有 4 个独立的小组从斯瓦尔巴群岛向德国发送加密的气象数据。战争结束后，他们中的一些人因为被困在这里而成为最后投降的德国军人，比其他人晚了 4 个月。

　　时至今日，斯瓦尔巴群岛依然是一个重要的科研基地。这里有专门研究北极光的天文台，还有一家种子银行。种子银行的保管库位于永久冻土层，储存了来自全世界的植物种子。这些种子一直保持冷冻状态，即便文明毁灭也不会受到影响。很多探险活动都以斯瓦尔巴群岛为基地，其中，最为吸引人的要数以北极点为目标的探险。这些探险活动都从这里出发，因为在高纬度北极地区，这些岛屿长年以来都是最容易到达，还能乘船环游的地方。我们来到朗伊尔城开始寻找北极熊，我们发现这里的夏季相当特别。

　　我们的船长比约内脸上总是挂着笑意，他穿着一件开襟羊毛衫，留着埃罗尔·弗林式的小胡子。他说我们的计划可能受到斯瓦尔巴群岛北面规模不同寻常的海冰的影响，之后他带我来到船首，让我看挂在栏杆上的 15 条鳕鱼，"它们快干了，"他解释道，"需要几周的时间。"他拍了拍自己的胸脯，补充道："这是成年人的食物，不适合孩子吃！"

　　他监督着最后一件器材运上船，这是一艘大型铝合金结构艇。"哈弗塞尔号"的绞盘绷紧，钢缆跳起，卷筒周围腾起烟尘。大家一起抓住绳索，引导铝合金艇轻轻落在木支架上，艇的每边都仅剩下 1 英寸 [1] 的甲板空间。这艘艇属于贾森，一位热情洋溢的澳大利亚船员，他负责我们的后勤工作。他把自己的这艘铝合金艇称为"伯斯特号"——建造的初衷就是进行探险。艇中部的吊车上装有一架精密的增稳摄像机，这种摄像机通常用于直升机航拍。它有很长的镜头，将由摄影师特德操作，他会坐在艇内观看监视屏。第三位摄

---

1　1 英寸约合 0.03 米。

影师马特奥和我共用"哈弗塞尔号"尾部的一个船舱。尽管它位于吃水线以下，但至少看起来很清静。团队的最后一名成员叫斯泰纳尔，是我们的挪威籍野外助手。他将会和我一起度过考察中的大部分时光，我们会使用一种较为简单的摄像机以传统方式（长焦镜头、三脚架）进行拍摄。

我们利用上午的几个小时把所有器材都装上船，只把一件物品留在了码头上——从特罗姆瑟市装上船的一个供新厨房使用的水槽，是给贾森一位朋友带的。这真应了西方的一句成语："Taking everything but the kitchen sink."（除了厨房的水槽以外，其他东西都带上了。）

"万事俱备——出发！"比约内高喊。解开系泊缆绳，"哈弗塞尔号"和码头间闪开一道缝隙。这是所有航程开始的第一小步。我们出发时，斯泰纳尔指给我们看泊在峡湾里的另外4艘船。过去的1周里，每艘船都试着向北环绕群岛航行，但它们最终被困在了浮冰群中，动用破冰船才把它们救了回来。我们也要驶上同样的航程，去寻找北极熊。


比约内在舵手舱内驾驶轮船。我站在船首，看到他的脸被雷达、回声探深仪和他自己的无线电台挡在后面。一只暴雪鹱张着翅膀掠过头顶，就像一只微缩版的信天翁。它自由自在地驾浪前行或是迎着轮船带起的气流飞行。就在它飞过的时候，我们的目光交会了。

海岸线上山峦起伏，并有冰川点缀其间。一路上的风景不外乎黑白两色，偶尔瞥见"哈弗塞尔号"上了油漆的甲板，提醒我这个世界上还有绿色。巴伦支首次登陆时看到了这些山脉，他把斯瓦尔巴群岛中最大的岛屿称为"斯匹次卑尔根岛"，在荷兰语中意为"尖峭的山地"。贾森走到栏杆边，让我猜测这些山脉离我们有多远。它们似乎近在咫尺，但我还是把预估数翻了1倍——20千米。他告诉我实际距离超过40千米：此地寒冷的空气中水分极少，因此视野犹如金酒一般清澈。除了生活在冰岛的挪威人，巴伦支是最早见到北极熊的欧洲人之一。他的手下朝一只北极熊射击，发现滑膛枪几乎不起作用，后来他们用套索把它套住并吊到船上，北极熊变得非常凶狠，于是他们用一把斧头砍死了它。这样一场遭遇战奠定了人熊关系的基调，并一直持续到20世纪70年代。

可以想到，没有比为拍摄熊来到这里，最后却不得不杀死它们更糟糕的情况了。但这种可能性我们必须面对，因为它们令人生畏。我在朗伊尔城研究了一头雄性北极熊的标本，它直立着站在宾馆的大堂里。它眼睛的位置远远高过我的头顶，体重达到我的5倍之多。如果真的近距离面对这样一头巨兽，朝它扔手套应该争取不到多长时间。之前我拍摄过大型食肉动物，但通常会先在一步之遥的范围内找好可供隐蔽的地方，大部分情况是找一辆汽车。现在我们离开了朗伊尔城，没有汽车，也几乎没有道路。我们要是遇到北极熊，就只剩下乘船逃命或夺路狂奔的份儿了。

比约内示意我到舵手舱内查看海图。"你看，这些山谷里有众多冰川，但大部分都没有名字。"他说，"它们只有交替排列的序号，就像街道上的房子。而实际上我能辨别它们。"

海图桌上还摆着一些照片：他手里抓着一条硕大的鲑鱼站在河岸上，周围是桦树。"这是在阿尔塔市的家里。"他自豪地说。他把一张海图摊在它们上面。从这张图上几乎可以看到由俄罗斯、阿拉斯加和加拿大的海岸包围起来的北冰洋地区全貌。只有两个地方可以进出洋流：一处是太平洋北部的白令海峡；另一处就是我们目前所在的位置——大西洋的北部。这里只有一条深水航道，就是位于斯瓦尔巴群岛西侧海床上的一道海沟。北部涌动着来自加勒比海的洋流，洋流把充足的热量带到这片海域，融化了这里的冰层，使这里充满活力，也让这些北极岛屿的西侧可以常年通航。然而，岛屿的北侧，却是另一番景象。

　　今天的海冰图是刚刚通过电子邮件收到的。地图中间是斯瓦尔巴群岛，标记为灰色。非常珍贵的无冰水面只有一小块，大部分洋面上覆盖着蓝色的剖面线，显示冰密度的变化情况。从图上可以看出，这里的水流相当复杂，尤其在群岛的周围呈旋涡状。我们所在西侧的水流向北流动，但在另一侧的海岸，那里冰层最厚，水流向南涌动。正是在这条自北冰洋高纬度地区逐级而下的"传送带"上，最有可能发现捕食海豹的北极熊。为了到达那里，我们首先要通过主岛斯匹次卑尔根岛的北海岸，比约内说我们会在那里遇到一堵冰墙。他把今天的海冰图与两天前的海冰图进行对比，发现先前的北海岸是密集的蓝色网格线，就像一块简陋的台布，而且浮冰强烈挤压着海岸。今天再看同一个地点，主要是蓝色的圆圈，这表明此处存在"稀疏的浮冰"。这些海冰图来自卫星照片，没有人能核实它们的准确度。比约内戴着一副双光镜 [1]，他端详地图的神情颇似一个老学究。

　　"通路似乎打开了一些，但谁知道呢？"

　　不过有一点很清楚，海冰又向南扩张了几百千米。为了赶上北极熊的大部队，我们别无选择，只能继续前进。


　　航行了一整天，我们所经过的唯一平静的地方叫"处女座湾"。1897 年，它成为前往北极点探险的基地。即使以斯瓦尔巴群岛为基准，北极点探险也异常困难。从地球仪上看，从这里到达北极点似乎易如反掌。19 世纪末，有几次探险活动穿越了冰海，探险家们艰难地朝北挺进，一天下来却发现比出发时更偏南了。浮冰"传送带"向南移动的速度比他们向北行进的速度更快，想必这种状况很让人灰心丧气。对一位名叫所罗门·奥古斯特·安德烈的瑞典工程师而言，解决办法似乎明摆在那里：他可以飞到北极，以一种时髦的

---

1　一种供老年人矫正视力用的眼镜，在同一镜片上实现视远和视近的功能。

方式飞过去。

安德烈乘坐一个名为"老鹰号"的氢气球飞到了处女座湾。气球由巴黎的女裁缝用数块浸漆绸布缝制而成。他用酸与铁混合产生氢气，再让氢气充满气球。在安德烈团队做最后的准备时，"老鹰号"充气后的直径达到了20米，场面蔚为壮观。在一张摆拍的照片中，安德烈与三位助手正在制订探险计划，其中克努特·弗伦克尔和尼尔斯·斯特林堡将与他一同飞行。安德烈面无表情，但另外三人中有一人以手抚头站在旁边，好像对这次飞行的前景感到不安。他绝对有理由这么认为，如果要飞越北极点并安全到达阿拉斯加或西伯利亚，"老鹰号"至少需要飞行2000千米。安德烈对氢气球技术非常有信心，他计划从吊篮垂下绳索，拖动冰块以帮助他控制方向，他甚至带了一台遥控炉灶。炉灶可以降到易燃物氢气的燃烧距离之外，以便生火做饭。饭做好之后，再拉上去，盛在特制的餐碟中进餐，这也符合本次探险的初衷。他似乎已经想得颇为周全了。

1897年7月11日，"老鹰号"起飞。人们在气球升空后拍下了照片，前景中的几个人望着气球留下了侧影，他们的表情定格在希望与激动中。谁知，在接下来的33年里，他们听到的消息就只是他们的朋友在气球上，再没别的了。在与北极有关的探险中，此类失败的故事真是不胜枚举。

轮船推进器的传动轴从马特奥和我的铺位间的地板下穿过，我们的船舱听起来就像在一台水泥搅拌机内。躺下后，耳塞发挥了作用，我们的牙齿却开始振动。接着，我们撞上了浮冰。"哈弗塞尔号"的警铃就像沉闷的钟声，浮冰在船侧咆哮，几乎就要贴上船体。不过，在舵手舱里听到的声音并不太嘈杂，甚至还有些趣味，因为我们正在绕过斯匹次卑尔根岛的岬角，我们将首次见到前方的北部海岸。浮冰群离我们有数千米远，闪亮的冰带就像冰冻的波浪。我们的正前方的水面还是比较开阔，若是在两天前，浮冰可能会挡住我们的航道。

比约内饶有兴致地对我说，当船撞上大块浮冰时，桅杆的振动就像一把尺子敲击着桌面。他似乎对此颇不在意，并解释道，这艘船的船体经过了加固，而且船舵和推进器都包有钢铁外壳。"哈弗塞尔号"吃水线以下的部分很像一枚鸡蛋，一旦夹在浮冰之间，船体可以"跳出来"。为了躲避迎面而来的浮冰，船可能会碰上岩石，那才是他最担心的事。他爬到瞭望台上，在那里指挥他的船在冰缘线和海岸线间小心地前进。

落日余晖下，成群的小海雀轻掠海面，黑白间杂，就像斑驳的山影。每座小冰山上都有它们的身影。它们笔直地站着，间隔均匀，都在整理羽毛。我们驶进一道宽阔的峡湾，"哈弗塞尔号"劈开镜面般平静的海面。这时，我们第一次见到了正在冰面上爬行的髯海豹。髯海豹的身体较长，头小，鼻子扁而上翘，跟水獭有些相像。在寒冷的环境中，它的眼睛看起来有些阴森，脸颊像未成熟的苹果，圆而苍白，在长有胡须的部位有规律地点缀着斑点。跟络腮胡比起来，它们的胡须更像人类上唇上的小胡子，而且它们的小胡子很长，很有光泽，还一点儿不卷曲。其他的髯海豹在水中打滚，只露出光溜溜的后背和黝黑的头部。这个场面令人振奋：如果这里有海豹，那么很可能也有北极熊。

海面上漂浮着一座座冰山，但不是一两年的低密度海冰——它们都是从冰川上掉落的碎块。比约内小心驾驶，生怕碰上它们。几千年来，随着冰川上部不断有新冰累积，经过数千年的挤压，这些冰如混凝土一般坚硬，而且它们漂浮在水下，很难被看到。

"如果我们碰上一座会怎么样，斯泰纳尔？"迈尔斯问。

"船会撞出一个大洞来。"

比约内把"哈弗塞尔号"停在距冰川100米远的海面上。现在差不多是晚上 11 点了，周围寂静无声。一面蓝白色的长墙直插水下，只有一部分搭在岩石上。贾森说这座小岛 3 年前还难露真容，很显然冰川正在消退。

"北极熊！"顺着比约内手指的方向，我看到一头北极熊正沿着冰川前缘下方行走，那里的冰层最蓝，冰隙也最多，十分美丽。在周围的冷色调的强烈对比下，这头熊的皮毛成了奶油色。

"这是一头公熊，"斯泰纳尔伏在我的肩头说，"它的脖子比母熊粗很多，像一个锥体。找不到适合公熊戴的无线电项圈，太容易滑落了。"

这头熊惬意地滑入水中，仿佛它的大块头会轻松碾碎冰面脆弱的边缘。它游起泳来非常安静，随后爬上一座小冰山，上下耸动口鼻，嗅探空气——它在寻找猎物。其他人匆忙地将"伯斯特号"放下水，而我则继续跟踪这头熊。贾森此前在一条小船上拍过北极熊，他说窍门是仔细挑选：小熊比较机警，在一个地方待不住，很快会游走；而稍大一点儿的熊通常好奇心太重或攻击性太强。这头熊体形中等，是理想的拍摄对象，但它已经飞快地游过冰山迷宫，很快就会从我们的视野中消失。船员们必须穿好保暖救生服以防落水，不过，他们现在正在手忙脚乱地对付不熟悉的拉链和尼龙搭扣。他们终于从绳梯上爬了下去，贾森发动小艇——出发。现在，那头北极熊只露出了头部。斯泰纳尔和我通过无线电台指引小艇靠上前去。

在远处的冰面上，我们看到了两个黑影。从这么远的距离很难判断它们是不是海豹，这时北极熊从海面探出身体并爬上这块浮冰。黑影没有动，它们很可能只是冰面上的污物。或许北极熊也把这两摊东西当成海豹了。

"北极熊在捕食猎物时，可以在水下潜泳很长距离，如果它们认为你在尾随，还会改变方向。"斯泰纳尔说，"它们会在某块浮冰后面浮出水面，观察你的位置，就靠嗅觉。它们轻而易举就能甩掉你。"

他说，这是一只"峡湾北极熊"，在行为上不同于生活在浮冰群上的北极熊，因为它们的狩猎场在夏季不会融化。一些北极熊会在同一片峡湾生活很多年，它们也会以雏鸟为食。斯泰纳尔和我希望"哈弗塞尔号"明天在峡湾的另一侧把我们放下时，可以拍摄到北极熊寻找鸟蛋或雏鸟的镜头——实际上就是今天，现在已过午夜了。

小艇正在返航，虽然北极熊根本没找到什么海豹，但每个人都面带微笑地回到了船上。特德回放他的工作样片，很显然第一次拍摄的素材具有特别的意义。摄像机平稳地跟踪北极熊游泳，镜头和它的视线高度平齐，几乎浸入水中。浮冰从画面中漂过，有时会挡住观察者的视野，随即又漂走。北极熊似乎触手可及，不过还是因为镜头太强大了，其实小艇离北极熊还有很远的距离，不借助监视器，特德根本看不到这头熊。等它爬上浮冰，它游泳时带起的涟漪反射形成的光环扫过它的整个身躯，每条曲线都清晰可辨，仿佛太阳正在对它进行扫描。这是一次充满希望的开始：如果它发现了一只可以猎杀的海豹，那么这幅画面便有了非同寻常的意义。在影像的最后，特德取景时让光线直接落到熊的身后，这样熊呼出的温暖气息就凝结成了金色的雾霭。

现在是凌晨 3 点。为了庆祝首次拍摄北极熊成功，我们在世界的最北端吃了一些香蕉，接着在寂静的峡湾陪伴下坠入梦乡。

在武器弹药箱中，有一样爆炸装置是带有四根弹簧发射器的绊网，可以安装在帐篷四周，让宿营者安心入睡，不怕前来的捣乱者。想象北极熊会碰到绊网并触发信号弹，但有时也会弄巧成拙。有一次，斯瓦尔巴大学安排一个科学家团队到野外考察，其中有一位叫比约恩的教授。在挪威这是很常见的名字，但它的另一个意思便是"熊"。团队晚上宿营，在帐篷周围仔细设好了绊网和信号弹。深夜，比约恩因内急醒来，他蹑手蹑脚地离开帐篷，这时还记着迈过绊网。但在回来的路上，他就忘了绊网的事，爆炸的信号弹惊醒了同伴，他们惊恐地抓起枪，想象着篷布会随时被撕成布条。他们都听到教授在外面用挪威语喊："是熊（是我比约恩）！是熊（是我比约恩）！"

斯泰纳尔和我也想去宿营，为了避免发生类似的不幸事件，他带我去拿武器。我们带了四把信号枪，可以发射信号弹，两把装在皮套里的手枪，还有两罐辣椒粉喷雾剂，除此之外，我们还会携带一支步枪。

"使用喷雾剂时要小心，"他说，"如果误喷到自己脸上，你就惨了，至少卧床两天。"

他告诉我枪里应该压好子弹，因为如果一头熊出现在附近，再笨手笨脚地装弹就太迟了："在朗伊尔城，大约每隔10年才会发生一起北极熊伤人事件，但每年枪支走火伤人的事件就有五次之多。摄影师最让我担心，说不定哪天会有人抄起一支枪摆拍并误伤摄影师。枪支比北极熊更危险。"

我们要去一处名叫"鼠湾"的地方，那里有两座小屋，小屋附近是一片巨大的北极燕鸥栖息地。几周前，一位叫琳达的女士抵达那里，并准备在其中一座小屋里住上一年。通过无线电台和她沟通后，斯泰纳尔改变了宿营的想法。琳达说一大群北极熊一直光顾她的小屋——昨天就来了三头，因此，斯泰纳尔希望我们可以在另一间小屋里住下来。

燃气灶上正煮着一锅面条。现在是晚上10点，我们刚刚把小屋收拾好。小屋只能摆下一张单人床和我们的器材箱。床是我们用木板和成捆的稻草（本来是琳达为自己的狗准备的）搭建的。小窗户很窄，北极熊连头都探不进来，墙壁却薄得像纸一样，门也好不到哪儿去。门关上时，弯曲的钉子像爪子一样伸出来。也许有70年了，无论冬夏，毛皮猎人如过江之鲫光临这间小屋。他们一定是既勇敢又强健的人，而且非常熟悉北极熊。琳达的小屋距离我们有100米，非常结实，而且建筑年代很近，使用的是漂上岸的俄罗斯漂流木。除此之外，还有两间狗舍、一间屋外厕所和一座高高的人字架。

斯泰纳尔很友好地自荐当第一个守夜人，面条做好后，我会去接替他。他说他很满意，有"冰镇"啤酒（放在小溪里）、香烟、咖啡和一本书，还可以欣赏太阳把北方的天空染成金色。如果北极熊来了，或者他困得睁不开眼了，他会叫醒我。我们这样做，不只是因为屋子小到容不下我们两个人，也是因为琳达的判断是正确的：这里到处都是熊迹。早些时候，我们在雪地上循着足迹看到一头北极熊肚皮贴地滑下一个斜坡，然后悠闲地左一扑右一扑，每次都会留下五爪印。借助双筒望远镜，我们看到海湾周围的足迹一路延伸到一座颇为陡峭的悬崖，在上面绕了几圈后就消失了，北极熊正蜷缩着躺在那里。跟这只年幼的北极熊年纪差不多的公熊还特别不成熟。斯泰纳尔说，它们最近离开了母熊，不过他把它们描述为"被宠坏了的孩子"，还在指望每餐让母熊提供。"它们没有安全感，什么都想尝试。"

这么多北极熊到小屋周围活动的答案找到了，琳达用海豹肉喂自己的狗，并将海豹肉储存在人字架的高处。肉味可以扩散到几英里[1]之外，对北极熊来说，这可是难以抗拒的诱惑。尽管可望而不可即，但它们一直在密切关注储肉的柜子，而且它们聪明绝顶，就等人类的疏忽。贾森告诉我们，早些时候，有一头北极熊看到他登上一架梯子并把海豹肉放在一个类似的储藏柜里，之后它整个早上都在盯着他。当他停下来休息时，这头熊注意到那架梯子仍在原处，便毫不犹豫地爬了上去。它敲打了一些肉下来，之后几次试图头朝下从梯子上下去，但紧接着便反应过来，倒着下梯最简便。这种灵活性让北极熊获得了成功，但也让人感受到危险。

我在小屋内酝酿睡意时，意识到好像缺了点什么。我们还没去寻找北极燕鸥，它们的栖息地理应很嘈杂，但我没有听到任何刺耳的声响。明天早上，我们一定要好好考察一番。

6点的时候，斯泰纳尔把我叫醒了。天气很冷，薄雾笼罩。他指给我看，

---

1　1英里约合 1.61 千米。

远处的那头熊没动地方，它正趴在那里看着我们。他说它们有时会很天真地把头藏起来，把大屁股露在外面。这头熊几乎跟周围的雪地和乱石滩融为一体，就差能在它的身上行走了。

"切记——熊是反复无常的动物。"他告诉我，然后走进屋"发动机器"。不一会儿的工夫，我身后的墙壁就识趣地和着他的鼾声振动起来。小屋挡住了腹地方向的视野，于是我围着小屋转了一圈，确认那边没有熊。琳达的狗睡在外面的狗舍里，如果有熊靠近的话，它们应该会狂吠的，我只要确认另一侧安全即可。

一只雄性北极燕鸥从天空飞过，它的拉丁语学名叫 *Sterna paradisaea*，意思是"来自天堂的燕鸥"，听着理由很充分。它飞行的时候，翅振很慢，体形特点表露无遗，燕尾很华丽，似乎有棒针那么长。血红色的喙冲着地面，黑色的顶冠闪闪发亮。一只雌性的燕鸥腾空而起，紧跟在它后面飞，之后雄鸟落到地面，脚腕弯曲并收起翅膀。它的尾巴指向天空，趾高气扬地往前走，看来燕鸥的腿不是仅有起落架的功能。只要它不改变主意，我就能一直看着它走下去。它的体重与一只仓鼠相仿，但它是从南极洲飞到这儿来的，而且从现在开始的3个月里，它要反方向重走同样的行程。最新研究显示，一些北极燕鸥一生中要飞六倍于地月距离的里程。这对燕鸥重新起飞，飞过一片雪区，在积雪表面反射的光线映照下，它们的影子消失了，变身为在空中飞行的亮晶晶的"冰鸟"。但其他的北极燕鸥在哪里呢？去年此时，斯泰纳尔也在这里，那时海岸上全是燕鸥，它们守着自己的巢穴，而他被燕鸥啄得生疼，只能落荒而逃。今年海滩上依然覆盖着积雪，迟来的春天迫使大部分燕鸥转移到了其他地方。

北极地区前后两年的气候变化如此之大，不知是福还是祸，对鸟类这样，对人亦如此。尽管北极燕鸥已经在地球上生活了很长时间，赶上一次大年便可抵消几个糟糕的繁殖季的不良影响，但如果非得像这样孤注一掷，那倒更像一次赌博，就像驾驶气球的安德烈或者我们一样。

为了保持清醒状态，我沿着沙滩漫步，全副武装得像个枪手，自己都感觉很可笑。斯泰纳尔把步枪靠在墙边，我不敢过去问他是否射杀过北极熊，万一他回答"是的"呢？

大海上，两只红喉潜鸟像猫一样号叫；转过身来，一道山脊挡住了我的视线，突然一张小脸出现在我的面前，就好像用弹簧弹射出来的一样。心形的小脸上长着咖啡色和奶白色的毛发，两只古铜色的眼睛，还有一粒黑纽扣般的鼻子。它叫北极狐：胆小但富有好奇心。它躲在小山脊的后面，再映入我的眼帘时近了很多。美国作家巴里·洛佩兹这样描述过北极狐，"它的鼻子包打天下"。我面前的这只就在这样做，嗅我的气味并决定是靠近我，还是逃之夭夭。一对北极燕鸥悄悄飞过来，准备啄它的耳朵。不过它对鸟儿不屑一顾，继续东闻闻西探探，接着蹲下来用爪子扒拉着什么东西，很快一枚今年很少见的鸟蛋成了果腹之物。燕鸥暴怒，但仅凭一己之力什么也做不了，如果整个栖息地的燕鸥一起咆哮肯定是另一番情景。北极狐吃罢鸟蛋，像野兔一样，三蹿两跳便不见了踪影。

过了好长时间，我才注意到这头熊，之后便呆若木鸡。天色暗淡，它的身形几乎与卵石融为一体，但它明确无误地要过来了。我并没有招呼斯泰纳尔，他便先知先觉地加入我的阵营。我很感激在我拍摄的时候，有他在旁边壮胆。这头熊离开水边，转身面向我们。它抬起和放下前爪的姿态相当迷人，每走一步都是一只前爪先回收到肚皮处，接着在最后一刻又把它弹开，并灵巧地踩到地面上。它每只爪子的边缘都有一圈皮毛，在鹅卵石上行走时能起到消声的作用。它伸出深色的舌头，仿佛在品尝空气。它越来越近，近到我已经可以通过取景器看清它的头部。它并未直接朝我们这边张望，但我能看到它棕色的小眼睛在转动。它距离我有 15 米远，中间隔着斯泰纳尔"冰镇"啤酒的那条溪流，也就是我脚边这条。我拍到了它脚下飞溅的水花，一头北极熊在蹚水过河，好一幅北极夏日图景。

　　它离我是这么近，正伸直脖子嗅闻空气，我能看到它的胡须还有长长喉部的毛发都泛着光泽。借着眼角的视线，我看到斯泰纳尔就像电影中的警察一样绷紧身体，他正在扣上扳机。根据我们在靶场学到的，熊已经完全进入安全距离之内，我们应该开枪自保，但训练课中针对的是带攻击性的熊，也就是对信号弹无动于衷的熊，或者朝我们猛冲过来的熊。斯泰纳尔读懂了它的身体语言，而且他手中举起的是信号枪，不是他的左轮手枪。他知道它希望到散发出海豹肉味的人字架处。它径直走了过去，甚至懒得瞅我们一眼。

　　狗开始吠叫。另一座小屋的门打开了，琳达匆匆走出来，背着她的步枪，她手里也握着一把信号枪。她瞄准人字架上的北极熊开火。巨大的爆炸声传来，一股烟雾腾空而起。北极熊手忙脚乱地翻过乱石，冲到海岸边游走了。这是琳达第 16 次从她的小屋前吓走北极熊，现在她正在把狗从狗窝里哄出来。它们也讨厌爆炸声。

　　北极熊走了之后，琳达请我们帮她捕鱼。她把枪放在沙滩上，走进水里。我终于明白她为什么不愿意自己捕鱼了。从熊的角度看，这无疑是一个示弱的举动。她把网撒出去并固定在浮标上。一个小时后，她把网收上来，清理收获：一条北极嘉鱼，一条与鲑鱼有些相似的鱼，不过肚皮是红色的，而鱼鳍边缘是白色的。琳达邀请我们共进晚餐。

　　她站在厨房兼客厅的窗前，一边炸鱼饼，一边观看海滩上三只北极狐相互追逐。远处的雪岸上是正在睡觉的北极熊的模糊身影。这几间小屋归斯瓦尔巴群岛的总督所有，准备租借给希望在此地过传统生活的人，主要活动包括猎取食物并通过诱捕狐狸获取皮毛。挪威声称拥有这些岛屿的主权，这招致俄罗斯的抗议，未来也许需要证明斯瓦尔巴群岛一直属于依赖这里的自然环境生存的挪威人。由此带来的好处是少数像琳达这样自力更生的幸运儿，可以借用一年高纬度北极地区的小屋。至少在夏季的时候，生活在这里并不像我预想的那样艰难：她为我们准备了一瓶酒并抱歉说没有莳萝，当然缺少莳萝的鱼饼依然美味可口。而冬季的生活就另当别论了。

琳达告诉我们，去年一个男人带着他的儿子们住在这里，他们出了一起事故。男孩子们乘坐狗拉雪橇开始了一次为期三天的旅行，去拜访一位住在邻近峡湾的毛皮猎人。他们的狗在薄薄的冰面上追逐一头北极熊，两架雪橇都掉进了海里：男孩子们只能游泳求生。他们努力从冰窟窿里爬上来，并寻找紧急救援无线电信标以发出求救信号，直到这时，他们才发现信标落在了雪橇上，其中一个孩子只好潜水去取信标。后来两个孩子都迫切需要庇护所和取暖。幸运的是，这起事故碰巧发生在一座无人居住的小屋附近，他们前一晚就是在那里度过的。他们重新返回小屋，冻僵的双手连火都点不着。直到一两个小时之后，救援直升机才把他们接走。

"每个人在离开小屋前做的最后一件事，就是在炉膛里堆上劈柴并把火柴放在旁边。"斯泰纳尔说，"看似简单的一件事，却挽救了很多人的性命。"

为了在这里坚持一年，琳达需要掌握很多技巧。她的书架占据了一面墙的宽度：医学、极地历史、犬病诊治，甚至还有烹饪类书籍。她谈到了今后一年的生活：社交生活将很快退却，预计从 9 月一直到圣诞节都不会有访客登门。她担心北极熊会习惯她的信号弹，她的狗正相反，看到熊来便躲进狗舍，生怕琳达弄出更吓人的声响。她和斯泰纳尔聊起一个人为了保护他的狗杀死一头熊的例子。斯瓦尔巴群岛对此有明确规定，只有当熊威胁到人类的生命时才有权射杀它，但这个人争辩道，他的雪橇狗在冬天被杀死了，无异于威胁到他的生命，而这就是熊干的。她的狗都在小屋的外面，而且冬季将至，这些都是需要认真对待的事情。当我们离开她并继续守夜时，琳达说她并不希望独自一人度过即将到来的极夜月份。她说，最重要的是，她盼望着有充足的时间。

轮到我值夜班了。我坐在小屋外，开始理解做一头北极熊究竟意味着什么：它们在餐与餐之间走 100 千米路，或者在水中（即使在夏季，水温也可能从不高过 6℃）游两倍的距离是很正常的事情。同样正常的是，一头母熊要禁食 6 个月，在此期间还要生产，并在雪下的洞穴里为它的幼崽哺乳。它们能在海水中下潜 10 米深，跑得像马儿一样快，一拳便可打碎海豹的颅骨，还能爬上斯瓦尔巴群岛的最高峰，只是为了看看那里有什么。之后，它们可能会睡上一周的时间。地球上还没别的动物可以做完所有这些事情，像北极熊这么机智的动物也少之又少。尽管如此，很显然，这里几乎难觅燕鸥鸟巢，如果我们还想拍摄饥饿的北极熊捕食鸟类，只能另寻他处。

一晚上过得很快，没有北极熊光顾。早上，我们把器材箱堆在岸边，等待"哈弗塞尔号"把我们接走。发动机的轰鸣声穿透浓雾，照例是一阵忙碌的装船，匆匆道别之后，我们登上充气橡皮艇。我回望岸边，琳达已经走在回屋的路上，背影娇小但挺拔，还有她的狗相伴左右。我对她包括前面那位毛皮猎人的适应能力感到惊讶，他们在小屋里度过整个冬天，北极熊在周围游荡，只有狗可以帮助他们。我钦佩这种与解决问题的过程相伴而来的十足的自信，还有在几十年的探险中，而非训练课上获得的技能：源自成功或失败的人生经验。我们中的大多数人拥有诸如摄影师、会计师，或其他职业所需要的专业技能，但已经失去了像琳达或斯泰纳尔这样自力更生的可能。我们的先人拥有各种技能，现在的我们却把它们丢弃殆尽，甚是可惜。

当"哈弗塞尔号"离开这处峡湾的时候，我开始猜测再过几个月这里会变成什么样子，燕鸥应该飞到了南方，而这里即使到了中午也伸手不见五指。彼时的琳达，只能通过用来接收电子邮件的卫星电话与外部世界取得联系。为了避免垃圾信息的骚扰，她请她的朋友们发邮件时在标题栏加入密语，因此她收到的每封邮件都会在标题里出现"sol"字样，用来代表"太阳"。

书归正传，我们将继续寻找北极熊与筑巢鸟。斯泰纳尔说，我们将前往北极地区一处最为壮观的鸟类栖息地。

## 斯瓦尔巴群岛北极熊的最新消息

　　斯瓦尔巴群岛的北极熊来自群岛周围巴伦支海的广大地区。一个世纪以来，这里的猎人每年要杀死 300 头北极熊。自从 40 年前捕猎停止后，北极熊的种群数量有所恢复，目前生活在巴伦支海的北极熊大约有 3000 头，但它们繁荣的时代恐怕到头了。或许因为食物稀缺，一些北极熊的身体很单薄；另外在斯瓦尔巴群岛南部，随着近年来冰区萎缩，母熊所产幼崽的存活率越来越低。同样的影响已经在阿拉斯加的波弗特海显现。据报道，海冰规模在 2005 年创下新低。就在该年，五分之一的母熊找不到食物，同时首次发现北极熊猎食同类的现象。在另一个少冰年，阿拉斯加海域一头佩戴跟踪项圈的北极熊，为了寻找海冰和作为食物的海豹，在 9 天时间里游了将近 700 千米。这次行程，不仅让它的体重减轻了四分之一，还搭上了自己幼崽的性命。随着气候的变化使冰层融化，越来越多的北极熊面临上述危险，被迫把更多的时间消磨在岸上，也让它们与人类的接触变得密切。

　　目前，很多斯瓦尔巴群岛的北极熊选择常年生活在海冰上。与此同时，数量较少的峡湾北极熊，例如我们拍摄到的第一头北极熊，则靠近岛屿生活。在鼠湾小屋生活的一年间，琳达已经与其中一些峡湾北极熊变得熟稔，尤其是受到海豹肉吸引的那几头。她需要她的狗保护她，但它们的食物对北极熊有着难以抗拒的吸引力：这算是对"第二十二条军规"的诠释吗？

　　她的博客记载了这一年的有趣经历。最初她写道："我喜欢光线的变幻之美。当我看到洁白的雪山、晴朗的天空、满天的繁星和转瞬即逝的极光时，我就知道我为什么来到这里。美丽贯穿这里的一切。"但是到了 10 月中旬，太阳落山了，而且直到次年的 3 月太阳才会再次升起。接下来，第一头"一根筋"的北极熊在黑暗中多次"登门拜访"。她叙述道，有时来的北极熊太多，她会悄悄离开小屋。

"门上的小窗户终于发挥了作用。我瞥见站在门阶上的北极熊的后背，很高兴门还算坚固！我驱赶它但不敢追它太远。"月圆之夜，她感到放松，在白雪皑皑的背景之下，月色显得异常明亮。

"我很想知道，是谁开启了光明，让群山如此闪亮，柔和的光线投射到覆盖着冰雪的海边悬崖上，这一切就像童话故事中的场景。"

就在圣诞节前，斯瓦尔巴群岛的总督派直升机送来了礼物：新鲜的水果、邮件（包括一棵小圣诞树）和一位大概待到下个月的伙伴。北极熊继续来骚扰她（总共有三百来次），她也一次次地赶走它们，但她依然有时间装饰圣诞树并跳跳乡村舞蹈。圣诞节当天，她期盼着光明的回归，她写道："现在，空中闪烁的群星就是我们的太阳。"

她的狗睡在外面，即使 −40℃ 也是如此，但她的机动雪橇和其他机器都因严寒停止了工作，所以她只能乘坐自己永远充满热情的狗拉雪橇去检查捕狐陷阱。到 1 月末的时候，冰冻的荒原变得异常静谧，大多数北极熊都去了其他地方，狗食也在不断减少。正午时分，南方的天空出现一抹亮色，但琳达依然可以看到头顶的星星；紧接着一场暴风雪来袭，不到一个小时，新鲜的积雪便超过一米，几乎把狗舍连狗一起掩埋。正当她吃力地收集并融化大约一吨的新雪做饮用水源时，储藏室的一角坍塌了，劈柴滚落到小屋的地板上。虽然外面寒冷刺骨，但对一座木质结构的建筑而言，火灾的威胁远超过北极熊。幸运的是，她听到了炉灶破裂的声音，并及时扑灭了火苗。

一天早上，她醒来之后发现两头北极熊在窗外交配，不久，绒鸭也回来了。"峡湾彻底暖和起来了……时间仿佛停滞了。待在这里，可能会有孤独的时刻，但至少我们有最美丽的合唱团。"

曾经在一个月的时间里只有她一个人，她也非常渴望伙伴的陪伴："有时我在早上醒来，却不愿意下床……梦里有很多人，为了和他们在一起，我希望一直睡下去。"

在北极地区，阳光回归得异常迅速，到4月中旬，琳达意识到午夜阳光已经降临。她很难想象，仅仅几个月前，天还是那么黑，而且"我们要穿上四层衣服才能外出"。

春天来了，比前一年早了一个月，怪不得当斯泰纳尔和我拍摄北极燕鸥时，它们似乎不知所措；到仲夏时，绒鸭和燕鸥已经开始筑巢。在夏至日这天，琳达把她的圣诞树烧掉了。她在鼠湾的生活也即将结束："最后一周充满了离愁别绪，甚至最后一次追逐北极熊都令我伤感。我猜想我身体的一部分依然与燕鸥、绒鸭和浮冰交融在一起。"

后来她生了一个儿子，斯泰纳尔成为他的教父。为了纪念和北极熊相处的那段时光，她给儿子起名为 Sigbjrn，意思是"胜利之熊"。琳达期待他在高纬度北极地区茁壮成长。

"我想永恒的变化是人们深深爱上斯瓦尔巴群岛的原因：恐惧与欢乐、黑暗与光明、幸福与激动，还有季节变化。一切的一切，在这里都可以找到。"

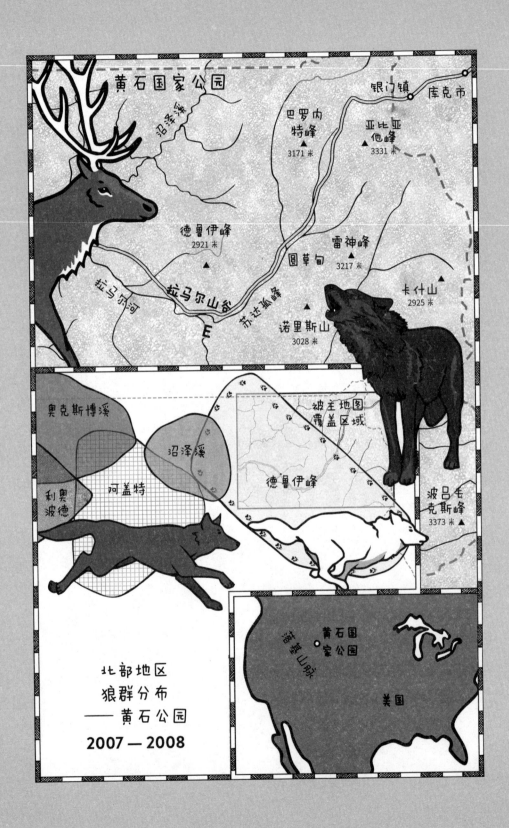

**2**

**跟着狼群去捕猎**

拍摄北极熊之难，让我意识到加入优秀团队的重要性，比如我们在斯瓦尔巴群岛的团队。在同年的另一次拍摄任务中，即拍摄有关黄石公园的纪录片时，团队精神再显神威，我被安排拍摄群狼捕猎麋鹿的过程。这一场景本来就极其罕见，遑论将之拍摄下来。

太阳跃出拉马尔山谷的地平线，为我们带来一丝温暖。整个晚上，天空异常晴朗，空气洁净而清冷。经霜后植物花朵犹存，叶面上的霜花晶莹剔透，棉白杨深色的轮廓在闪闪发亮的雪原中显得异常突兀。最后一缕水蒸气凝结为天使之尘——冰晶，如蜉蝣般轻盈、闪亮。明媚的阳光打在上面，出现了一道彩虹。空气中弥漫着类似火药的气味，唇边有种舌尖触及电极时的感觉。这座山谷比我到过的任何地方都要冷，我眨眼的时候，感觉眼睫毛已经被冻上了。眼光下，一群麋鹿正在厚厚的积雪中艰难跋涉，它们迫切希望离开这里，这一点我并不奇怪。旁边的山上，时不时传来母狼达尔巴的嗥叫，而一只公狼的回应也是遥远而孤独。

国家公园一直被誉为美国的最佳创意，而黄石公园则开国家公园之先河。公园占地约9000平方千米，位于怀俄明、蒙大拿和爱达荷三州交界的落基山麓，拥有高山、森林、草甸、温泉和间歇泉等各种自然景观。它的建筑年代久远，被内兹佩尔塞印第安人和熊杀死的游客有很多。

到 19 世纪 70 年代，从东海岸到西海岸，美国的各个角落都已经有人定居，而且世界首条横贯大陆的铁路缩短了从东部城市到西部俄勒冈州的行程时间，从 6 个月降至 6 天。这个国家正在经历巨变，还产生了一种并不现实的想法："为了人民的利益和幸福"，正在消失的荒野应该得到保护。不过，荒野对每个人的意义都不尽相同，因此，自国家公园建立之日起，围绕如何利用它一直存在争议。最近，关于黄石公园的这些分歧愈演愈烈——不只是因为狼。

公园的营地和山林小屋冬季关闭。在一家准备暂停营业的加油站，我问收银女孩有什么打算。"我准备重回现实世界。"她说。但冬季来黄石公园的人越来越多是一个不争的现实，许多人来这里的理由与我的相同：看狼。

拍摄狼群捕猎的同时，我也被要求展现狼群内部的微妙关系。按理说在这里拍摄狼群具有得天独厚的条件，真正拍摄起来却并不容易。即使在国家公园里，狼也在提防人类，而且到了仲冬季节，大雪没膝，它们移动起来也比我轻松很多。靠两条腿是追不上它们的，打扰濒危物种也属违法行为，所以大部分拍摄只能在路边进行。不过有一点我很满意：狼的交配季节开始后，有些狼可能会在自己的狼群之外寻找交配对象，它们可能会进入我的取景范围之内，没准儿有机会拍下它们捕猎的镜头呢！

影片的导演内森和我驱车进入黄石公园，走的是由扫雪车清理出的唯一一条冬季通道。这是一次 90 千米的行程，穿过公园的东北角，终点为库克市，我们将在那里待一个月。我们经过一座横跨黄石河的高桥，走到桥中间还遇到了一群美洲野牛。我们不知如何是好，内森干脆关掉了发动机，野牛越来越近，黑压压的一群。桥很窄，野牛从车的两侧走过，身上的卷毛刮擦着后视镜，向下弯曲的牛角与我们的头部持平，深邃明亮的眼睛转到侧面来看我们。在寒冷的天气里，它们呼出丝丝缕缕的水汽。母牛重达半吨，而公牛比母牛重一倍。一头小牛犊蹦蹦跳跳地跟在队伍的最后，它的影子与自己呼出的水汽交织在一起。桥随着牛群的踢踏颤动。我和内森静静地坐在车里等它们全部通过，这里的交通规则与外部世界不同。在外面的世界里，动物们很少享有优先通过权。

黄石公园是美国唯一一处美洲野牛自史前延续至今的地方，但到了1903年，公园里仅剩23头美洲野牛，而且繁殖也不成功。曾在这块大陆上盛极一时的庞大种群，已经凋零至被遗忘的境地。少量被捕获的幸存者被送到这里加入小股野生群落，它们起到了至关重要的作用。自此以后，黄石公园的美洲野牛种群数量得到缓慢恢复。

狼的生存之路似乎更为艰难。北美大陆曾有超过100万只的灰狼，它们不仅以定居者豢养的动物为食，还猎捕麋鹿和美洲野牛。在牧场主和政府眼中，消灭狼群保护牲畜是既光荣又必要的事情。因此，狼群即使生活在黄石公园也得不到保护。当时任内政部长宣布从1883年起禁止捕猎公园中的绝大多数动物时，这些规定并不适用于狼和每个射杀它们的人，也包括军队。黄石公园内的最后两匹狼在1926年被杀死。随着主要捕食者的不复存在，公园里的麋鹿种群兴旺起来。它们过度消耗植被，压缩其他草食动物的生活空间，比如河狸。为了恢复平衡状态，尽管存在巨大争议，在1995年和1996年，一家政府机构从加拿大引进了31匹狼，把它们放归于靠近德鲁伊峰的拉马尔山谷。

我们的行程经过这座山，山名源于70年前在此生活的最早的狼群。有本地麋鹿群作为食物来源，德鲁伊峰狼群成功生存了下来。当然，随着时间推移，麋鹿的种群数量开始回落，但依然很多。今天早上，我们看到了它们在雪地里留下的行迹，就像在纸页上记录下自己的故事，关于如何寻找食物，如何找地方过夜，如何躲避危险，有时甚至关于死亡。这座山谷近期的故事就摊在那里，谁都可以看，直到下一场暴风雪将之彻底擦除。大多数雌性麋鹿和小鹿幼崽都站在高高的山坡上，用前脚挖掘稀疏、干枯的荒草。或许它们站得越高，就越觉得安全，那里的雪没那么深，可以快速跑掉。即便如此，它们也难以苟活，因为它们每一天都在变得更疲弱，更容易被捕食。到冬末的时候，必然有一些麋鹿只剩尸骨。

一只渡鸦从头顶飞过，飞得很高但目标明确。我们循着它的飞行轨迹越过河道，看到了狼群。整个德鲁伊峰狼群都聚集在森林边缘的一块开阔地上。我们全神贯注地观察它们，仔细辨别每匹狼在狼群里的地位。一些狼正蜷缩着睡觉。一只狼远远地在外围活动，一次一次地跳着，试图咬住从松树上悬垂下来的松果，一旦咬住它就立刻丢下松果，开始追着自己的尾巴转圈。一只黑狼——很显然地位较低，在向一只毛色最浅的母狼致意，它摇动自己的尾巴，将扭动的身体放至最低，并去舔母狼的口鼻。这是等级制度在发挥作用，狼群内的每个成员都在那头母狼及其配偶之下有自己的位置：它们是狼群中最早的一对。眼前发生的这一幕令人着迷。不过，这群狼有 16 匹之多，离我们约有 1 千米，通过肉眼只能看到一个个小黑点。为了更仔细地观察它们，我们每天都得找到它们，并跟踪拍摄，但狼群能在几个小时之内行进很远的距离，而且我们在这里度过的时间，有三分之二都处于黑暗之中。

自从狼群被重新引入黄石公园，科学家每年都会给其中一些狼戴上配有无线电发射器的项圈。里克·麦金太尔是黄石公园狼群项目的生物技术人员。他的工作是监控公园该区域内的无线电项圈的动态，并尽可能记录下德鲁伊峰狼群和其他几个狼群的行为。我在路边发现了他，他的周围有一大群人正通过固定在三脚架上的望远镜观察狼群。里克也在用望远镜观察，还以岩石和树木为地标，耐心而准确地描述狼群的位置，这样游客自己也能找到它们。他拉出天线，不停地变换天线的方向，聆听项圈发出的"哔哔"声，接着换一个方位，继续监听。他对着一台袖珍录音机说话："很好。确定 569 的位置，480 也确定；302 在侧某处，但看不到。"

　　有人也在来的路上看到了其他狼群，比如里克狼群，据描述那是数量众多的一群。内森和我遇到了劳里，这位游客花了好多年观察黄石公园的狼。她向我们介绍了德鲁伊峰狼群里 16 只狼的构成：有 8 只黑狼和 8 只"灰"狼（其实是淡茶色和黑色的混合，很像一只浅色的德国牧羊犬），其中 4 只戴着项圈，都有编号。569F 就是那只美丽的母头狼，说是灰白，实际上近乎纯白。它的配偶480M 是黑色的公头狼，公头狼的弟弟是 302M。另外一只戴项圈的也是公狼。劳里说，戴项圈的公狼多过母狼是因为公狼会停下来回望坐在直升机上携带麻醉枪的科学家，而不是径直跑到树林里。一旦科学家为失去知觉的狼戴好项圈，他们会把它们带到保护区的中心地带，让它们集体苏醒。这样做比单独唤醒它们安全得多，因为绵软无力的它们，很有可能在附近遇到其他存在敌意的狼群。

　　劳里继续介绍德鲁伊峰狼群，大量的信息让我有些应接不暇。狼群里有 6 只一岁狼，有几只的前面和侧面长着标记，很像把黑狼莱特巴和达尔巴区别开来的灰色条纹。多数一岁狼都是那对头狼在两年前的夏天所生，由整个狼群共同抚养。它们都是母狼。还有 7 只更年轻的狼，它们最为年幼，现在也已成年。它们都没有名字，劳里也很难把它们区分开。她通过颈部的毛辨认这群幼崽——总是怒发冲冠的样子，当然它们的行为也带有幼崽的特征：我们看到的那只跳着咬松果的狼，很可能就是其中一只。识别每匹狼是预测它们行为至关重要的第一步。当我们拍摄时，初始辨认正确与否可能会产生迥然不同的结果。要学习的东西太多了，但我们只有一个月的时间。

　　游客来自很多国家，许多人在电视或网络上看见这些狼之后，便深深为之着迷。德鲁伊峰狼群是世界上最著名的狼群，也是被观察最多的狼群。公狼 302是大家最喜欢的狼，它小时候的绰号叫"卡萨诺瓦"，敢与其他狼群中的母狼保持暧昧关系，就在其公狼的眼皮子底下。它甚至还有自己的博客，一个生活在佛罗里达的人帮它打理。自从大平原印第安人部落在大约 100 年前几近消亡后，人们已经极少能与野狼产生如此强烈的联系了。此类同理心成为可能，只是因为里克、劳里和很多其他人花了大量的时间去了解每一只狼和它们的故事。我们在黄石公园拍摄期间，里克度过了在这里的第 2555 天，7 年来的每一天他都在这里。当劳里向我们介绍里克的时候，他用一句玩笑暗示了他的决心：

"我在 1997 年得过一次感冒，但无论如何，我还是来了。"

里克欢迎我们的到来，并向我们解释，这群狼每隔几天就会换个地方，但今年这场大雪已经迫使它们在拉马尔山谷破天荒地停留了 6 周。虽然经常能从路上看到它们，但它们随时都会离开。

晚上，库克市的一间酒吧里发生了一起打架事件，之后响起了马达的轰鸣，原来是来自爱达荷州的年轻男孩骑着雪地大摩托在结了冰的大街上互相挑衅。我们需要早睡，不是为了避开这起让人心烦的事件，而是为了在凌晨 4 点半起床，开车进入公园。离开库克市的时候，我们听到了犬吠。在古罗马时代，狼随处可见，所以就流传下来这样一句拉丁文——"inter canem et lupum"，即"狗狼之间"，形容黄昏或黎明时分。库克市的狗想必是早起者，我们开到公园入口的时候，天空中还没有一丝光亮。

道路在山峰间穿行：亚比亚他峰、诺里斯山和雷神峰。黄石公园的每座山都比英国的最高峰还要高，而且高出一倍还多。透过树林的缝隙，我们瞥见白雪皑皑的大草原，草原上的小圆丘如糖霜小蛋糕般洁白圆润，还有小溪在其间穿行。在如此广阔的一片空间里，如何才能找到一群狼呢？我们逐渐靠近拉马尔山谷，天也开始亮了，我们停下车，在雪地上寻找狼群经过的痕迹。我们仔细研究麋鹿，观察它们在注意哪个方向。它们似乎很放松，没有转移的迹象，于是我们继续驱车寻找。我们在每个地方都停下来静心聆听，终于听到了德鲁伊峰狼群的嗥叫。

狼的嗥叫，起到了将狼群团结起来并驱离相邻狼群的作用。美洲的早期定居者把狼的嗥叫描述成一种悲伤的或令人毛骨悚然的声音，将自己的恐惧投射到狼发出的声音上。对狼群而言，若要生存下去，它们需要独占一大片猎物充足的区域。狼群通过一起嗥叫将它们的数量广而告之，这是力量的表现。对我们而言，如果不用损失任何牲畜，它们的声音听起来异常美妙，就像一个合唱团在用和声演唱。每只狼的音高各不相同，给人留下狼群很强大的印象：不属于这个群落的最好离开。它们的声音可以传得相当远，即使它们早已闭上了嘴巴，我们还能听到雷神峰反射回来的狼嗥。我希望这种充满野性的声音永远不要停下。

我们在一处叫朗德普雷利的地方遇到了里克，他正在监听来自无线电项圈的信号。他说有狼在附近，就在树林里的某个地方，于是我们架好摄像机，耐心等待它们现身。草甸里有 7 只公麋鹿，这种鹿体形巨大，有尖尖的鹿角，每侧鹿角的跨度都超过一米。它们似乎非常谨慎，眼睛一直瞟着阴暗处。或许狼也在监视它们，只不过是待在暗处，而不是当面对峙。就像里克所说，它们有时在试探麋鹿的决心，等待麋鹿首先行动。

信号逐渐消失。隐藏在树林中的狼群正沿河谷往下游走。我们顺着道路跟踪，终于在河道的对岸远远地看到了它们。它们列成一队，小跑前进，最前面是那对头狼，后面跟着 302 和其他几只狼。成年狼跑远后，另一只狼填补了它们离开后形成的权力真空，自告奋勇走在幼狼的前面。它是一只孤独的公灰狼，一岁龄的母狼见到它都特别开心，摇着尾巴起劲地嗅探它。独狼知道它在冒险，当返回来的德鲁伊成年公狼 480 和 302 发现它的时候，它立刻跑得远远的。它们猛追它，但头狼 480 很快停了下来。头狼的兄弟 302 继续追下去。302 的得失心更重一些——只要把竞争消灭在萌芽状态，便可以保证它和狼群里年轻母狼交配的机会。闯入者开始绕圈跑，因为它知道追赶者会嗅探它的气味跟着跑而不是抄近路，这样可以让它判断是否仍被跟踪。它和追赶它的 302 都跑到了很远的地方。

　　年幼的母狼达尔巴离开幼狼群，鼻子贴近地面，它也在寻找独狼的踪迹。在我看来，雪地上就是几组爪印而已，但它敏感的鼻子可以提取颇为丰富而准确的信息：谁来过那里，什么时候，有时还能判断出原因。嗅探脚印也有缺点，那就是它不能立刻说出那头独狼的前进方向，它沿着错误的方向小跑了一段距离之后返回来，把竖起的耳朵贴在独狼的脚印上。它的父亲480走过来蹲坐在她的身边，它们正进行着无声的沟通。劳里替它大声地说出来："你在这儿干什么，小姐？"

　　如果达尔巴遇到了那头闯入者，就能得到很多。独狼是一个来自外群并带有不同雄性基因的潜在配偶，但它的父亲和叔叔永远都不会给它这个机会。302回来了，它走起路来不怎么灵活，作为一匹8岁的野狼，它有些上年纪了。这样看来，达尔巴还是有机会的。在狼群内部，除了那对头狼，多数成年狼都在找机会与狼群之外的母狼交配。有一些狼，例如302，甚至试图投靠别的狼群，并能在穿越其他狼群的领地时不被杀死，这种本领可不多见。可见狼群政治的内容也很丰富。

　　我们花了几个小时观察德鲁伊峰狼群，希望那头独狼能够返回。我们旁边还有一位当地的摄影师鲍勃·兰迪斯，他在这里工作多年，总能找到拍摄狼群活动的最佳位置，这是他的独门秘籍。像其他人一样，他非常乐意分享自己的知识。他说在黄石公园拍摄的关键技能是找到合适的停车地点，并飞快地把车藏好。黄石公园内随意停车是违法的。

　　几位游客走过来告诉我们，他们在拐弯处看到一只黑狼戏弄一头美洲野牛，那只灰色的闯入者也加入了雪地混战。后来，那只黑狼跳进河里，在水里啃食一具尸体，一直持续了20分钟。我们之所以知道这一切，是因为这几位游客拍摄了这场战斗的各个阶段。等狼都走了之后，他们友好地走过来拿给我们看。这个世界上，没有哪里能比这里上演的自然界的戏剧性场面还要多，你也几乎不可能在别的地方对你本已错过的场面有详细的了解。

雪花落在我的袖子上，这是转瞬即逝的六边形之美，刚刚消融便立刻被更大的雪絮所取代。数百万吨的雪从天空飘落，覆盖了整片落基山脉。雪下了一个通宵，盖住了睡觉的野牛，仿佛把它们变成了岩石。时间一分一秒地过去，我们仍未拍摄到任何狼的有趣行为。我们希望这场大雪能延长狼群在这里停留的时间，毕竟行走更难了。不过，第二天早上见到里克的时候，他带来了坏消息。有三只戴项圈的狼失去了联系，而剩下的那只发出的信号非常微弱，很有可能是从山坡上反射回来的。这个狼群似乎走远了，它们没把这场雪当回事。这正是我们担心的，它们离开了这座山谷，也离开了该地区唯一的道路。

大雪也让这条柏油碎石路暗藏危险。我们把车开得很慢，中途遇到几辆车陷在坑里。美洲野牛真是迟钝得可以，依然在雪下面睡大觉，只有一头几乎隐没在洞里的大公牛例外。这个洞是它自己清理出来的，方便够到草。它用头把雪扒拉开，口鼻部和睫毛上都结了小冰块。

下午的时候起了大风。天空、地面和树木都变成了白色，但这算不了什么，因为狼群回来了。或许它们也觉得雪太厚了，非常不便于行动。这场暴风雪让我们的视野开阔了许多，我们可以看到它们在山坡上休息，似乎没有转移的迹象。即便借助望远镜，也很容易跟丢它们。这时最好的办法是稍稍歪着头观察它们，就像观察天上一颗暗淡的星星一样。不管怎样，它们并没有离开我们，我们可能还有机会。

暴风雪过后，机会来了。这是一个周日的早上，路上很安静。里克又把汽车停在了朗德普雷利，劳里也开车过来了，其余的人就是我和内森了。天色尚暗，整片森林是形状不甚分明的一大团，它的影子就像躺在雪地上的蓝色冰柱，但无线电项圈的信号显示，所有项圈狼都隐藏在树林里。也许整群狼都在里面。

里克最先看到了它们，两头狼突然从树影里冲出来，从一座小山丘的侧翼跑过，距离我们大约 1 英里。它们与狼群里的其他狼会合。很难看清正在发生什么，直到一个大家伙挣脱出来，从山坡上冲进厚厚的积雪里。这是一头公麋鹿，看着很强壮，它缩着脖子跑得飞快，但狼跑得更快。整群狼跟在后面，它们的步幅很大，每次跳跃时几乎看不到肚皮。一岁狼追得最起劲儿，它们轻盈地在柔软的雪地上飞奔。跑了足有 70 米后，它们终于扑倒了那头麋鹿，咬住它的脖子、它的侧面和屁股。麋鹿一边旋转，一边狂跳，试图摆脱它们的撕咬并用鹿角把它们顶飞，但群狼都机敏地跳开，随后又把它围住了。

里克在我身边用柔和的声音记录下时间，并描述发生的事情："公鹿的头低了下去，一只黑狼咬住了它的喉咙。"

"公鹿踉踉跄跄地站起来两次，但第三次没能成功。它的头垂了下来，舞动的鹿角也失去了力道，群狼一拥而上，一大团黑影罩住了公鹿的身躯。"

"致命一击：302 死死咬住了公鹿的喉咙。"里克不带任何感情地说着。狼群大快朵颐，麋鹿彻底消失了，就好像溶解了一样。

没有一个人欢呼狼群的胜利。当然，如果谁这样做了，我们肯定会轻蔑地瞥他一眼。这是一种很复杂的情感，麋鹿丢掉了性命，但狼群为了生存必须先杀死它再吃掉它。回顾人类的过往，我们也曾处于同样的位置：我们既是捕食者也是猎物，只不过我们很少沦为狼的猎物。我和内森都希望麋鹿能够逃脱，尽管在我们的拍摄清单中，狼猎捕麋鹿是排第一号的任务。最后的几分钟，由于昏暗的光线和遥远的距离，我们幸运地不用听见牙齿啃啮的声音和麋鹿濒死时的哀鸣，也不用看见雪地上的血污，但是我们很容易就能想象出被狼群追赶和扑倒会是怎样的一幅画面。

一年中很少有人能看到狼群捕捉麋鹿的场面，能拍摄到这个场面的幸运儿就更没有几个。今天我们不在幸运儿之列：光线太暗，无法拍摄。里克注意到我们有些压抑，便问："光线有问题吗？嗯，我看看——抱歉。"我们告诉他，能看到捕猎场面，我们已经倍感荣幸，不过他的回答让我们分外惊讶："很多人会诅咒他们的运气，而不是努力享受这样的场面。你们做了很好的示范。"

他转回身，继续通过望远镜观察并记录狼群进餐的先后顺序。这些数据对研究狼群的等级制度很有价值，随着幼狼逐渐成熟，等级会有所变化。他指出，虽然其他狼撕开麋鹿的尸体并开始进食，但480和302依然等在一边："或许它们磕断了牙齿，或者那只公头狼可能在想它不需要抢食。它可能在等待更好的食物。"

狼拥有健美的身材，犹如奥林匹克运动员，它们几乎不储存脂肪，否则想追上并扑倒比它们大很多又强壮很多的动物是不可能的。麋鹿的肉质也很瘦，这使得肥美的内脏成为狼的最爱。

现在轮到渡鸦上场了，有10多只，通体黑色，如暗夜之魂。今天，是狼群重返黄石公园13周年纪念日。

随着对德鲁伊峰狼群的了解日渐加深，我们逐渐能辨认出不同的个体，而且令人满意的是，我们还能把视线对准其他的狼。就像所有入园的游客一样，我们需要维持一种平衡：可以观察狼，但不能改变它们的行为方式。司机们可能会因匆忙赶路而阻断穿过马路的狼群，这样会使一些幼狼处于孤立状态，它们需要通过嗥叫呼唤其他狼，浪费了宝贵的体力，进而丧失参与捕猎的机会。

时间过得很快，寒冷的天气一直在本地区肆虐，但我们的战果很少。我们与那只孤独的灰狼有过一两次近距离的接触，它一直在德鲁伊峰狼群的外围活动。但其他狼则始终与我们保持一定的距离。渡鸦像一粒粒黑色珍珠栖息在河谷另一侧的树上，暗示我们这群狼前一晚在此大开杀戒。上百只渡鸦聚在一起叽叽喳喳，也算填补了冬季缺少鸟类活动的遗憾。一只渡鸦蹲伏在动物的骸骨上，颈部的羽毛竖起，敲击的动作仿佛面前是一架木质钟琴，它的翅膀随着敲击的节奏颤动。它正在召唤其他渡鸦过去啄食。

暴风雪绊住了狼群，它们没有离开这处谷地。几周来麋鹿频频在同一个地方陷入困境，想必它们已经非常了解这群狼了，但它们掌握的知识没法让它们在黑暗中保护自己。

为了寻找狼群，我们在路边度过了大把时间，遇到的人比以往拍摄野生动物时多很多。有些人几乎不说话，偶尔说上一句，也多半是问厕所在哪里。"怎么说呢，并不迫切，但也比较急的那种，你能明白吗？"其他人则态度鲜明，比如说驾驶雪地摩托车的牧场主，他们会停下来，直截了当地问我们在看什么。

"对面的山谷里有一群狼。"

"真可恶。我们的先人费了九牛二虎之力才把它们消灭。真不该把它们请回来。"

很多人都有同感。最早在这里放归的几对狼中，有只母狼很快离开了公园，而它的配偶被一个反对这项计划的人射杀了。为了表明态度，这个人将公狼的头颅砍下，并到处炫耀狼尸。怀孕的母狼躲在附近的洞穴里产下了幼崽，一队生物学家找到了母狼一家并把它们带回公园。其中一只幼崽后来成了德鲁伊峰狼群的公头狼。

我的先人中也会有人赞同牧场主的看法。在苏格兰我的老家附近，有一个名叫沃尔夫岛（狼岛）的地方。虽然名为"狼岛"，但那里有400多年没见到狼了。大多数住在那里的农民如果得知美国的情况，应该会感到高兴。无论是在英国还是在美国，人们消灭狼群的方法都几乎如出一辙。然而不管我们承认与否，人类与狼之间存在诸多共同之处：和我们一样，它们也生活在大家庭里，对它们所在的集体表现出极大的忠诚，甚至共同抚养子女。我们也有它们阴暗的一面，有时会诉诸暴力以维护或供养我们的家庭。难怪北美的狩猎部落颂扬这些完美的捕食者，也难怪放牧人总是憎恨它们。最早的农民发现，保护牲畜的最佳方式就是让狼反叛自己的同类，将之驯化并转变成家犬。

人们对待狼的态度也在发生变化。现在对我们很多人而言，狼在诠释野性的本质。如今人们关注狼的存在，不仅因为狼可以控制麋鹿种群的数量，也因为狼的存在跟黄石公园的存在有着同样的意义：荒蛮之地与野生生物是人类需要坚持的理念。在一个快速变化的、以人为中心的世界里，它们为我们提供了逃离的可能，即使我们从不这样做。

后来，一位女士把车停在路边告诉我，有一次，她把一只人工繁殖的狼带到学校，将之作为狼群的"形象大使"。在这只狼被带进教室之前，孩子们想象中的狼都是尖牙利齿的，都会低声咆哮——童话故事里都是这么写的。看到它之后，孩子们对狼产生了完全不同的印象：狼的皮毛竟然那样柔软，还有明亮的眼睛和巨大的爪子。

天气再度恶劣起来，里克注意到整个德鲁伊峰狼群都转移到远处的一座山脊上过夜。没有更多数据供他搜集了，于是我们聊起了他的工作。按照他的描述，他更像一个人类学家而非动物学家。他仿佛来到一个部落中生活，仅仅通过观察了解它们的行为方式。狼与狼之间有着深厚的情感联系，而且它们随机应变的能力很强，同一只狼在不同的日子里会做出不同的选择，而在我们看来，环境状况似乎没有发生变化。这让里克非常着迷。为了更好地向我解释他的观点，他介绍了达尔巴面临的窘境：作为一只小母狼，它要在与群内的狼还是群外的狼交配的问题上做出选择。一个外来者与它几乎不存在密切的关系，因此外来者应该是一个较好的交配对象。如果它们能够一起生活并建立起属于自己的新狼群，那就再好不过了。而问题在于，在黄石公园里，所有领地都有主人了，既有的群落会攻击新的定居者。它交配后回到母群落产崽会更安全，但这种求稳的方法也有缺陷：为了确保自己未来的幼崽不挨饿，头狼会迫使群里的其他母狼离开，甚至它们自己的女儿，以阻止它们生下自己的孩子。

几天后，里克有关狼适应力的观点得到了证实。在游客拍到黑狼啃食麋鹿尸体的河道里，鲍勃·兰迪斯发现了另一只黑狼。等我和助手凯西赶到时，黑狼已经离开，但麋鹿的残骸依然可见，只剩下鹿角和几根骨头。河道有几米宽，乍一看没什么特别，这时鲍勃指给我看，水面上还漂着其他的鹿角，这说明曾经有好几头麋鹿死在这里。这条河其实还有不同寻常的地方：天气这么冷，戴着手套手指都冻得生疼，但水面仍未完全冻住。鲍勃解释道，公园地下涌动的岩浆让河水保持温暖。与老忠实泉周围的温泉和间歇泉相比，这里没那么热，但也足够融冰了。我们等待的时候，鲍勃描述了狼群回来后，他所见证的公园变化。畸高的麋鹿种群数量已经下降了一半，狼的数量现在也受到捕食竞争和狼群争夺领地的限制。

我们很快停下了交谈：那只孤独的灰色闯入者和一只黑色母狼从树林中现身。公狼等在河岸上，注视着母狼涉水走向麋鹿浮尸。一只喜鹊落到鹿角上，一边啄麋鹿的肱骨一边往下看，但狼几乎没有剩下什么可食用的残渣。通过镜头，我可以看到母狼沾着霜花的晶须和琥珀色的眼睛。它转过身直视着我。这是我和狼的第一次眼神交流。令人兴奋的 20 分钟过后，它回到岸上与公狼一起离开了。

自始至终，我手里一直握着三脚架的金属手柄，非常凉。我把手放在衬衣领子里取暖，感觉手指像一根根小冰柱。这里的晚上更冷，但狼群依然待在露天。它们的毛皮肯定非常保暖。我们收拾好家伙，走回停车的地方，腿上恢复了一些温度，不过离开时我们才发现自己犯了一个多么可怕的错误：

一头公麋鹿从森林里冲出来，整个德鲁伊峰狼群紧紧追赶。它抢先跑到河边，跳进河里，然后放低鹿角，严阵以待。它刚好站在我们刚才的拍摄地点。这只死到临头的麋鹿绝不是随随便便来到这处河湾的。

我们急忙往回赶，为此前屈服于寒冷而强烈自责。那只麋鹿依然站在那里，水已贴近肚皮。河道的两岸都站着狼，将之包围，但每当它们踏入河中，它就用蹄子起劲儿踢水，把鹿角摆得更低，防止狼袭击它的喉咙。成年狼见识过此类僵局，退到几百米远的地方休息去了。一岁狼和幼崽显然并不甘心，毕竟一只这么大的鹿近在咫尺。虽然它们时不时佯攻，但麋鹿总是以不变应万变，旋转身体并用整面鹿角迎战。母头狼将头趴在前爪上观察形势。不难想象，它以前遇到过同样的情形，它知道麋鹿不可能永远站在水里。这头麋鹿的热量散失很快，当它离开时，它肯定更加虚弱，所以要等待，再等待。

渐渐地，一岁狼失去了兴趣，最后只剩下了一只灰狼，躺在河岸上。麋鹿判断它的机会来了，开始慢慢地朝下游走，蹄子抬得很高，仿佛在踮着脚走路，希望不被注意到。似乎没有哪匹狼看它，它爬上河岸，朝树林方向前行。那只灰色的一岁狼一跃而起，其他小狼也加入战斗。它们逼着麋鹿掉转方向，又跑到河里。15分钟后，它再次尝试，这一次大部分狼连头都没抬一下。只有那头一岁灰狼追着它进了树林。狼群兴奋起来，沿着同样的路线追进树林。它们消失在远方，一切都结束了。

在这戏剧性的一幕上演期间，不断有游客走到我们身边。现在大家都活动一下身体，暖暖手。其他人都朝自己的汽车走去，虽然天气寒冷刺骨，但这一次我和凯西仍在这里徘徊。我不知道还能做些什么，我依然在想：当那只麋鹿冲进河里的时候，我能在这里该多好，它是展现狼群捕猎时的灵活和智慧的完美开篇。

其他人都已走到自己的车旁，而我开始思考一个问题：我还能在严寒中坚持多久？但就在此时，整个场景又重新开演：同一只公麋鹿从树林里冲了出来，正对着这条河，整个狼群把它朝摄像机这边驱赶并迫使它逃到水里。这恰恰是我希望拍到的内容。

这一次成年狼立刻选择休息，大部分幼狼也一同休息。冰冷的河水从麋鹿的腿部和腹部带走了太多的热量。最后一只幼狼慢慢走开后，它僵硬地爬上河岸，毛皮上挂着亮晶晶的冰凌。令我奇怪的是，狼群竟然看着它走掉，直到它再次消失在森林里。到了这个时候，母头狼才率领众狼来到河边，它仔细地嗅探麋鹿的蹄印。它的鼻子贴着地面，在众多混乱的蹄印中找出最后留下的蹄印，并跟踪这些蹄印，众狼紧紧跟在后面。它们准确地找到了本次麋鹿进入树林的位置，这一次它们再也没有出来。

类似今天这样的剧情几乎是不可预测的，但由于得到了很多人的帮助再加上一点儿运气，我们最终拍摄到了群狼捕猎的过程，而且它们向我们表明，在一位睿智的头领指挥下，狼群的应变能力会有多么强大。在河谷困境中，那只麋鹿一直在学习应对危险的邻居，但狼群也在学习。特别是那只母头狼，它似乎在下很大一盘棋，测试麋鹿的弱点并逐渐了解每一个弱点。公麋鹿在水里泡了很长时间，谁知道母头狼超凡的嗅觉收集到了什么样的信息呢？或许在这次测试中，麋鹿能幸存下来，但狼群现在已经准确知晓了它的虚弱程度和它下一次最有可能选择的逃跑方向。

我们离开山谷的时候，天空开始下起雪来，它轻柔地抹去了之前的大战在河畔留下的记录，也为明天翻开了新的一页。

我最后一次见到德鲁伊峰狼群的时候，公头狼正带头爬上一个陡峭的斜坡，它在雪地里走起路来很有气势。在这一点上，这群狼可以被比作一群人，当父亲的为家里人开路，14 位家庭成员跟着他，完全踩着他的脚印前进。这群狼里没有达尔巴。

　　它和独狼在另一处山坡上。它们正在雪地里奔跑、跳跃，就像从白色的浪花中跃出换气的海豚。不知用了什么法子，独狼把它从狼群里约了出来——就在它的父亲和叔叔的眼皮子底下，这一点和年轻时的302非常相像，它小时候的绰号可是"卡萨诺瓦"。它们沿着天际线相互追逐，在一棵松树下停下来嗅探气味。独狼摇着尾巴跟随在达尔巴后面。山峦成为它们的背景，恍如刚刚铸就的白色金属在酷寒的空气中散发着阴森、冷峻的气息。每一处阴影都填满了反射的光线。

　　里克轻声将观察结果复述在录音机里。他的脸上挂着微笑。我该走了，我向他表示感谢，当他转向望远镜继续观察时，劳里给了我一个拥抱。我现在明白为什么里克每天都待在这里。我现在离开也很痛苦，因为达尔巴的故事仍未完结，我也不能与喜爱黄石公园狼群的人分享更多的所见所闻。人类的众多卓越成就都是由如此专注的群体取得的，在这方面，我们亦与狼很相像。

　　返程的路上，我最后一次品味拉马尔山谷的野性之美，近几周所遇地标一闪而过：棉白杨的剪影——天使之尘（冰晶）在自己形成的彩虹中跳舞；朗德普雷利——狼群在黑暗中捕猎并让里克喊出"致命一击"；还有那处看似普通的河湾——勇敢的公麋鹿傲视群狼，而母头狼也向我证明它是智慧的王者。

　　当我穿过公园入口的罗斯福拱门时，我们从后视镜中看到黄石公园的建园声明：为了人民的利益和幸福。现在的黄石公园正走在正确的道路上，它同样是为了或者说更是为了麋鹿、群狼和生活于此的所有野生动物的福祉。

　　泛着银光的河水让位于"现实世界"的快餐连锁店和汽车经销商，让位于规则的形状和夸张的色彩。一位公园的访客告诉我，放到10年前，听到一只狼的嗥叫对她而言没有什么特殊的感觉，但现在她对此感触颇深，也明白了其中的缘由：狼的世界比我们大多数人生活的世界更为真实。

　　我在蒙大拿州利文斯顿的一家老旧旅馆里度过了最后一晚，两把摇椅并排摆在安静的回廊上，就像一对老夫妇满足于彼此的沉默。一部古董电梯，还是通过控制杆操纵的那种，就像轮船上的电报机，让我暂时逃离现代的美国，也让我的失落得到缓解。

　　当天晚上，就在我打开摄像机的盒子时，我惊奇地发现群狼河谷的寒冷深深地留在了金属部件和镜头上，也嵌入了我的记忆之中。

## 黄石公园群狼的最新消息

    我在 2007 年和 2008 年之交的冬天拍摄德鲁伊峰狼群时，公园里还有 170 只狼，一年后仅剩 120 只。狼的死亡与争夺地盘的混战和麋鹿的数量有关，后者一直在萎缩并适应捕食者的生存状态。除此之外，也有狼死于犬瘟热并发兽疥癣。在德鲁伊峰狼群次年春天所生的幼崽中，只有头狼的幼崽幸存了下来。其他狼群中只有 1 群有幼崽存活，另外 4 群的幼崽全部死亡。2008 年 8 月，302 带着一些我们拍摄过的年幼公狼脱离了德鲁伊峰狼群。它们组成了一个新狼群，其中有来自其他狼群的 3 只母狼。302 成了公头狼并拥有 6 只健康的幼崽。它曾凭借自己的机敏毫发无损地悄悄穿过其他狼群的地盘，在大约一年后，不再机敏的它在一次战斗中被杀死。是年秋天，德鲁伊峰狼群的母头狼也被其他狼杀死。它的配偶 480 活了下来，但它们所有的幼崽都死了，不过对 480 来讲，一切都结束了。它不能与群里剩下的母狼交配，因为它们都是近亲。在另一只公狼加入德鲁伊峰狼群之后，480 出走，再无音信。它的一些儿女也离开了，这个狼群的规模降至 5 只。2010 年，德鲁伊峰狼群中最后一只佩戴项圈的狼被一位牧场主在公园外射杀。

    幸运的是，我们适时地拍到了它们的活动场景。现在其他的狼占据了拉马尔山谷，由于麋鹿的数量也处在更加自然的水平上，狼的数量再也比不上德鲁伊峰狼群在 2001 年的辉煌，彼时的狼群由 37 只狼组成，是人们见过的最大的狼群之一。

    2011 年 5 月，黄石公园官方宣布下调该园狼群的受保护等级。毫无疑问，狼群回归起了作用，但政策的变化对很多狼无异于一纸死亡通知书，因为现在它们在园外可以被合法地杀死。蒙大拿州和爱达荷州迅速颁布狩猎许可和年度配额。2012 年，怀俄明州也加入进来。该州规定，在该州超过 80% 的区域内可以不经许可杀死狼，并可以在其他区域内持许可证捕猎。自狼群回归之后，国家公园的狼首次能在园外被随意猎捕。记录显示，2013 年有 12% 的狼被杀死。

　　一年后，怀俄明州政策的合法性遭到质疑，一位联邦法官裁定，怀俄明州的政策是不恰当的，并将该州狼群的管理责任收归联邦政府，从而对狼群恢复了某种程度的保护。当年早些时候，五大湖区各州也针对狼群做出了类似决定，恢复了它们的"濒危状态"。很显然，这些裁决反过来也会受到挑战。与此同时，针对狼群的捕猎活动继续在蒙大拿、爱达荷等州开展。

　　目前在黄石公园园区内有大约 100 只成年狼。2014 年，它们生下了约 30 只幼崽。或许这些幼狼在园外兽夹和猎枪的环伺下，会成长为比它们的父辈更加机警的狼。

　　里克的工作依然很优秀。截至本书写作时，他已经在那里工作了将近 15 年，全年无休。据他估计，他已经向超过 70 万名游客介绍过黄石公园的狼。他对这些狼的兴趣始终不减，正如他所言：

　　"我现在怎么能放下呢？这是一个不间断展开的故事，就像经历内战或俄国革命一样。"

# 纽约市的游隼

该市有17处游
隼活动区域,
画圈处标出了
其中一些大致
地点

河滨教堂

哈得孙河

东河

窄颈大桥

皇后区

布鲁克林
拘留中心
大楼

布鲁克林区

韦拉扎诺
海峡大桥

加拿大

美国

纽约市

**3**

摩天大楼间的游隼

其他野生动物的重新引入，都不像狼那样引发强烈争议。纽约市看起来不像是拍摄野生动物的好地方，然而它是世界上某种最激动人心的鸟类——游隼——的大本营。这种猛禽已经从濒临灭绝状态恢复过来。在 20 世纪的美国，游隼几乎被全部消灭。它们恢复的故事表明，如果人类能助一臂之力，某些野生动物就能很好地适应现代世界。

一位警察扔掉手中的咖啡，发动汽车，闪着警灯疾驰而去。

"我们在邻近路段发现了一只垂死的鹿，在上层公路上发现了一只猫，在塔楼上发现了游隼，似乎这种鸟正在重返这个国家。"管理人员说，"欢迎来到韦拉扎诺海峡大桥。"

这座大桥建于 20 世纪 60 年代，那是美国自信心膨胀时期。除了像制造阿波罗登月飞船那样野心勃勃的工程项目外，化学工业也在蓬勃发展，诞生了一种神奇的杀虫剂——滴滴涕（DDT）。在播种之前先把种子在滴滴涕中浸泡，然后用拖拉机把种子播撒在果园和田地里，接着便是农作物的产量飙升。

这座横跨哈得孙河的大桥位于韦拉扎诺海峡，是当时世界上跨度最大的桥，靠将近 1 米粗的悬索拉起。如果算上塔楼，桥高超过 200 米。游隼在这些塔楼的顶端筑巢，所以拍摄它们难度非常大。多亏了克里斯·纳达尔斯基，我们才能拍摄到游隼。克里斯在纽约市环保局工作，每年都要考察纽约所有能接触到的游隼鸟巢，将写有编号的彩条带（在欧洲采用脚环的形式）系在雏鸟的腿上。

系好安全带，戴上安全帽，我们跟随车流缓慢通过大桥并来到其中一座塔楼的基座旁。它在我们上方高高耸立，就像一枚巨大的订书钉。行车道暂时封闭，我们卸下器材，依次猫腰钻进一个小门——小到今天随行的几位大块头工程师只能勉强挤过去。基座内部是一个闷热、狭窄的金属仓，你能看到的每个表面都布满了螺栓。这里的噪声大到难以想象：桥面上双向六车道公路车流低沉的轰隆声不断传来，一波未平一波又起。时不时地，我们还能听到一声巨大的、莫名其妙的轰鸣声，仿佛身处一头钢铁巨兽的肚子里。这里灯光晦暗，电梯内只能勉强容下我们三个人，就像挤进了一个行李箱。控制面板上有用修正液写成的提示文字：一个按钮旁写着"上"，它上方的按钮旁写着"不要按！不要按！"在叮叮当当的上升过程中，我们都是通过天花板上的一个洞往外看，钢缆在黑暗中绕进绕出。为了到达顶层，我们从开在钢面板上的圆洞里钻出来，然后再用绳索把摄影器材拽上去。

克里斯打开楼顶上的盖板，一股久违的清新空气涌了进来，我们立刻听到了游隼警觉的鸣叫。他爬出去，我开始拍摄。最后一只雏鸟的彩条带一系好，我们就得全部撤离，因此我们的时间非常宝贵。塔楼的顶部由平滑的金属构成，四周有低矮的栏杆。向下俯瞰，桥已经缩小到一支铅笔的宽度，桥面上的汽车就像大米粒。一艘集装箱货船轻松地从桥下通过。我并不恐高，但我担心会有东西从栏杆边掉落，所以我把所有物品都塞进包里，这样才能集中注意力把游隼疾飞的瞬间摄入镜头。

它们在塔顶周围盘旋，对身下的海湾了无兴趣，轮流向克里斯头顶的位置俯冲。他靠近了它们的巢，鸟巢筑在一个木盒子里，盒子的顶盖由胶合板制成，底部铺了一些小卵石。是克里斯把盒子放在这里的，他意在鼓励鸟儿把家搬到这里，因为它们在桥下筑的巢妨碍了桥梁的维修工作。次年春天，它们接受了新家。现在我看到他娴熟地检查 4 只游隼雏鸟，为它们系上彩条带。桥梁养护队的工人蹲下，将扫帚扛在肩上保护后脑勺。克里斯借机向他们展示他所做的工作，他的工作之一就是向他们解释平衡鸟类需要和人类需要的意义。毕竟每天有 19 万辆机动车从桥上通过，阻断交通可不是一件小事，所以我们才要登到塔顶。克里斯把游隼的木盒鸟巢安置在对桥梁维修影响最小的地方，也是考虑到了各方的利益。

下塔的时候，电梯里的那个男人说，他在斯塔滕岛长大，从家里就能看到这座大桥的建设过程。大桥通车那天，他父亲开车带他来到这里，打算过桥，但收费站上方的一块指示牌让他们来了个急刹车。50 美分！他们掉头回家了。那是在 1964 年。

在之前 4 年里，美国东海岸尚未有一对游隼成功繁殖后代。

20 世纪 60 年代，康奈尔大学鸟类学实验室的汤姆·凯德教授意识到了事情有点不对劲。凯德不仅是一位科学家，还是一位养鹰者，而且非常喜欢游隼。他和其他人的研究都证明鸟类捕食者体内积累的大量滴滴涕，与它们无力养育雏鸟之间存在关联。像游隼这种位于食物链顶端的捕食者，在吃下以药剂处理过的种子或昆虫为食的鸟类之后，化学物质也随之进入体内。虽然阿拉斯加远离喷洒滴滴涕的农田，但凯德在那里的游隼体内也发现了滴滴涕。他的结论是，游隼在迁徙过程中接触到了有毒物质，产下了蛋壳过薄的蛋，以致正在孵蛋的成鸟会压碎它们，从而扼杀尚未出生的雏鸟。那时，游隼在美洲和其他使用滴滴涕的地方濒临灭绝。

凯德提出了一个雄心勃勃的计划，他创办了游隼基金会，用圈养的方式，以史无前例的规模繁殖游隼，之后将它们放归野外。如果这个计划奏效，它们至少可以在一个较好的环境里猎食，因为在 1972 年，凯德的研究帮助它们打赢了禁用滴滴涕之战。彼时，研究人员在全世界的动物体内都发现了滴滴涕，南极洲的阿德利企鹅也未能幸免。游隼基金会的首批圈养鸟在基金会成立的次年孵化了出来，但这还不是该恢复游隼种群计划最困难的部分。

我来到纽约拍摄游隼，是受一位名叫弗雷迪的制片人所托，他计划制作一档有关城市野生动物的节目。他梦想拍摄一只在曼哈顿的摩天大楼间穿梭、为家人觅食的游隼，这将充分证明游隼已经完全适应了城市生活。对一位摄影师来讲，拍摄游隼的捕猎过程是最困难的事情之一。它们经常从一个肉眼看不到的高度俯冲下来，速度超过每小时 300 千米。用长焦镜头跟踪一只快速俯冲的鸟儿本就非常困难，更不要说还得保持对焦了。更糟糕的是，它们的俯冲行程如此之长，以至于它们俯冲的终点也超出了摄影师的视野。若在高处拍摄，情况可能会稍好一点儿。在野外，只有找到一座小山包才可以创造出拍摄的机会，但在纽约市，这些不是问题。这档节目的研究人员保罗看到了克里斯的游隼鸟巢地点清单，他发现这些地点就像是在描述这座城市本身：几家医院、俯瞰公园大道的摩天大楼、美国最高的教堂、一座拘留中心大楼和许多桥梁。这些地标性建筑，符合我们和游隼的共同要求：高度。

刚踏上第一处屋顶（属于最高教堂正对面的一座建筑），我们就被纽约市的游隼迷住了。一对游隼在教堂塔楼上筑了巢，雄性游隼乘风越过高墙并在我们面前缓缓飞过，简直触手可及。它的喙部、眼部和腿部周围的皮肤呈鲜黄色，和下面街道上跑的出租车颜色一样。它自如地在楼宇高处飞行，光线在建筑物间来回反射，一些建筑的外立面看起来就像长满斑点的皮肤，黑暗的角落不复存在。遥遥下方的马路上，城市的人流和车流如蜗牛般爬行，游隼几乎不会注意到，仿佛它们是生活在海底的生物。

游隼专家马特站在我身边，帮我辨认游隼和它们潜在的猎物。保罗和弗雷迪都配备了无线电台，站在楼顶不同的角落。靛蓝色的羽毛在平坦的楼顶上打起旋涡，这是一只松鸡的翼羽。我们站在楼顶的边缘，后背贴在金属百叶窗上。令我们惊愕的是，那只雌性游隼就落在上面，距离我们不足 20 米。生活在农村地区的鸟儿远比它警觉。它的体形比配偶要大些，也更强壮。受到惊扰时，它的爪子会在百叶窗框上稍稍加力，翅膀张开猛地一振，随后在阳光下整理起羽毛。这对游隼真会选位置：它们的巢筑在一尊滴水兽的后面，视野极佳，可以直瞰哈莱姆区和哈得孙河。鸟巢的旁边是一组魔鬼与动物石雕：一个长着翅膀的恶魔坐在王座上，手托下巴，凝视着几只大猫和一只邪恶的鹈鹕。它们都怀着恶意斜眼看着我们。雄鸟落在一头石狮上，用来捕猎的长脚趾抓着狮子的耳朵。雄鸟的身体前部呈灰白色，长着条纹，后背交织着两种色差不甚明显的灰色，就像这架摄像机的碳纤维外壳，再加上白色的脸和黑色的头冠，这只雄鸟看起来很像一位藏身于教堂里的刺客。它和滴水兽一样沉静地站着，专注地盯着河看。

这对游隼肯定是捕猎好手。我们见到了它们的 5 只雏鸟，昨天克里斯带着我们爬上教堂塔楼为它们系彩条带。他把雏鸟从巢里抱到一间凌乱的房间里，这里可以听到电梯的电机呼呼作响。雌鸟拼命保护它的家人，当克里斯正准备给第一只雏鸟系彩条带时，雌鸟张开爪子扑向克里斯的脸。令人惊讶的是，他在它击中自己的瞬间冷静地抓住了它的腿，接着把雌鸟放进了一个盒子里，这样既不伤害它也不干扰自己的工作。他开玩笑称，经过这么多年，他"身体的多处部位有幸得到了游隼爪子的亲笔签名"。等把雌鸟的雏鸟放回巢里，克里斯立刻放飞了雌鸟，而且雌鸟也很快安静下来。

我们从楼顶上的拍摄位置，可以看到气球从街道升入空中。氦气球上印着文字，内容总是一样的："生日快乐！"往常只会看到一两个生日气球，但今天早上一共飘上来 40 多个，说明有人把一天挣的钱都花掉了或者办了一场豪华派对。它们四散开来，在高楼大厦间飘荡，高低起伏，俨然气流指示器，游隼就是借助这些气流轻盈地在低处飞行寻找猎物；气流有时也会把一缕清风带到地面，使得一位新娘手忙脚乱地压住庞大的裙撑。欢笑声穿透车流的嘈杂传到空中，一同进入我耳朵的，还有公园里鸟儿的啼鸣。游隼像鹰（当然它们自己就是鹰）一样观察其他鸟类，但它们只要靠近树林就很难被抓住。游隼也在留意河道的状况，反射的光线在水面上形成光怪陆离的图案，很像美洲豹的毛皮。在我们等待的过程中，一座高大建筑的阴影在河面上缓缓移动，仿佛巨型日晷上的晷针。

雄鸟腾空而起，猛然加速，不停扇动翅膀。它发现了一对在阳光下闪亮的翅膀，离这儿有 1 千米远。通过长焦镜头，我认出那是一只白头翁，正在河对岸飞行。距离太远了，我用肉眼连人都分辨不出。白头翁见到游隼飞来，在最后一刻扎进树林。于是雄鸟飞了回来，栖在另一尊滴水兽上：一尊猛禽的石像，带钩的喙部和爪子看起来跟它自己的很像，只不过雕像的眼部是花朵。猛禽的旁边是成排的圣徒雕像，它们都眼神迷茫地望着曼哈顿方向。

下午 5 点，教堂的钟齐声敲响，与此同时，在我们所在的屋顶上，刚才还寂静无声的空调风扇也运转了起来。我们离开这栋楼的时候，前台的女士问道："我的小鸟还好吗？"我们又经过了纽约消防局的管乐队，他们正穿着苏格兰短裙操练。

先前的圣徒现在成了罪犯。我们站在布鲁克林区的一座建筑前，门楣上方写着几个大字"狱政局"。但丁有句名言："入此门者，必当放弃一切希望。"用在此处，未必完全契合，但也极度贴切了。这里有高墙、监控摄像头和铁丝网。墙外，一位警官正在徒步巡逻。当然，他全副武装。弗雷迪匆匆走上前，向他解释为什么我们要将长焦镜头对着他的监狱。为了避免误会，我们其他人退到一边。弗雷迪走回来，一脸轻松地说："人们一直在投诉巫毒教的仪式——其实是这些游隼把死鸽子扔在他们脚下的。我问他是否可以拍摄它们，他只是说'上帝保佑'。"

　　并非只有这位警察对我们的工作感兴趣，一位女士停下来问："你们在拍摄什么？"

　　"监狱里的游隼。"

　　"重罪犯[1]？"

　　"不，游隼。是鸟。"

　　"什么乱七八糟的。你们不会是狗仔队吧？肯定有一个出名的罪犯关在里面。我们经常在这儿碰到他们。你懂的。"

　　栖息在拘留中心大楼的这对游隼，把巢建在墙上通风管道的格栅后面。为了见到它们的雏鸟，成鸟需要从格栅缝隙中挤进去。我们要到一个相对的高位才能看到鸟巢里面的情况，为此保罗在附近一座建筑的屋顶上为我们开辟了拍摄路径。上楼时，我们问屋主是否需要付给他一笔费用，以及他是否认为有人介意我们拍摄这座监狱。他说："我不太看重钱，也不太关心什么规定。"他指了指楼下街边的售酒处，离开我们去了店里。

　　一只游隼的身影掠过监狱围墙，轮廓清晰，两翼舒展。囚犯正在顶部安装有铁丝网的场地内打篮球，他们停下来盯着我们，打着手势："你们在拍什么？"弗雷迪指了指那只落在附近灯具上的游隼，并像翅膀一样挥了挥胳膊。

　　"拍鸟？"他们一脸的茫然，"真的吗？"

　　它从一大团羽毛中扯下了什么。有一些飘过了马路，弗雷迪走过去捡起一根，是一根松鸡的羽毛。我们站在这处高出一些的屋顶上，可以看到风管中的雏鸟。它们是真正的笼中鸟，把头伸出金属格栅，并用爪子试探。马特可以通过体形分辨雌雄：雌鸟稍大些。它们一共有3只，站成一排仰望蓝天，小脑袋在一起转动，仿佛三体合一——它们在跟踪飞过的鸽子。鸽子飞得低

---

1　Falcons 是"游隼"的意思，Felons 是"重罪犯"的意思，那位妇女因存在先入为主的心态便误听成了后者。

且迅疾，它们注意到来自游隼的危险，但像务实的纽约人一样，它们选择与游隼友好相处。这些游隼雏鸟尚未对它们构成威胁。雏鸟的绒毛在慢慢让位于棕色的羽毛，它们再过几周就可以飞行了。它们轮流练习使用翅膀，扬起的灰尘荡出"格子窗"。天上开始下起了雨，我们离开了屋顶。

轰隆隆的雷声在纽约的高楼大厦间回荡，汽车轮胎溅起的水雾被后车的前大灯点亮，让行驶的汽车看起来像拖着尾焰的火箭。大厦的顶部没入阴云，反而让它们看起来更加高不可攀。克莱斯勒大厦最高层亮着黄色灯，笼罩在薄雾之中，好像一架航空器在那里盘旋。一辆救护车像长臂猿一样尖叫着驶过，远处有辆消防车应声发出一阵原始的哀鸣，凄凉而微弱，就像在呼唤伙伴却无人理睬。

与抓拍一组鸟儿飞行镜头的难度相比，鸟儿捕食真的算不了什么，然而游隼除了捕食之外似乎没干别的。在野外，在雏鸟学会以极快的速度截击猎物之前，亲鸟会一直喂养它们。然而，游隼基金会圈养的雏鸟被放归野外后，只得自谋生路。总共有 6000 只雏鸟获得自由，回到了在 DDT 肆虐之前它们的祖辈曾经生活的地方。克里斯·纳达尔斯基加入了协助团队，为它们提供食物，直到它们学会自己捕食为止。游隼种群的恢复起初很慢，因为失去亲鸟保护的雏鸟容易受到伤害。很多雏鸟被金雕和大角鸮吃掉了。金雕通常会避开城市地区，大角鸮也很少进入人类聚居区，因此，游隼基金会做出大胆的尝试，他们选择在纽约市放飞一部分雏鸟。

在一座 50 层的摩天大楼楼顶上，我环视了一番曼哈顿中城。周围的建筑上有充足的平台供游隼筑巢，但也可能存在危险。出租车和行人在玻璃和金属幕墙上留下扭曲的影像。在特定条件下，天空的景象都可以被完美地反射出来，因此浮云有可能掩盖坚硬的表面。而到了晚上，许多窗户都亮着灯光。

对这种地球上飞得最快的动物而言，这是一个既复杂又令人迷惑的家园，我们无法确定游隼能否适应这里的生活，但它们做到了。1983 年，最早的两对游隼把家安在了纽约市的韦拉扎诺海峡大桥和窄颈大桥上。汤姆·凯德等人对游隼种群恢复过程的研究也给克里斯以启发，他自豪地说，纽约市拥有全世界密度最大的城市游隼种群。5 个城区内共有 17 对游隼，它们在纽约市的高层建筑间盘旋，在桥梁、写字楼和百万富翁的顶层豪宅上安家落户。一些游隼甚至学会了借助城市灯光捕猎晚上飞过城市上空的鸟类，富有"街头智慧"的幼年游隼则正在向乡野扩散。

当年的世贸中心双子塔上也有游隼的鸟巢。克里斯平静地说起参加消防救援的往事：人们组成传递链，徒手把原爆点的瓦砾清理干净。就在那可怕的一天，在一片混乱中，他抬头看到一对游隼从头顶飞过。他说，这是一个提醒，否极泰来，生活是可以恢复的。

在楼顶拍摄的间隙，我们把视角降低到纽约市的公园里，以此证明这种猎鹰在这里生活得很好：纽约市有兴旺的野鸽种群。这些鸟儿是生活在欧洲海滨地区的野生岩鸽的后代。欧洲鸽被人类殖民者带到了世界各地，用于提供鸽蛋和鸽肉。它们轻松地适应了城市建筑构成的"悬崖"和"洞穴"。慢慢地，这些鸟儿随处可见，几乎没有人在意它们。在大西洋彼岸的荒滩上，这些鸟儿曾是游隼的主要猎物，所以纽约市和其他很多城市中业已存在的岩鸽种群，对游隼而言无异于上天的恩泽。游隼捕猎鸽子并非易事——鸽子在游隼的虎视眈眈之下已经生存了几千年，进化出独特的逃生之道。通过特殊的慢速摄像机，我们拍到鸽子在起飞时可以整个儿上下颠倒，然后迅速地在一个身位内恢复到正常飞行状态。飞行中突然躲避的能力，可以挽救它们的性命。

对有经验的游隼而言，飞行并不费力：重力为俯冲提供力量，阳光温暖周围的空气，它们不必拍打翅膀便可再次升起。但找到合适的目标就没那么容易了，因为鸽子不会飞远而且习惯于贴近街道低空飞行。游隼的技巧既简单又有效：它们先飞到很高的地方，借助出众的视力搜寻猎物，就像与它们共享空域的纽约市警察局的直升机一样。

我们观察到一对游隼正从克莱斯勒大厦的银色塔尖上巡视周围的空间，它们的姿态无意间模仿了建筑本身的装饰老鹰雕塑。令它们流连的捕猎落脚点还有美国银行塔尖上的导航灯，距离地面几乎有四分之一英里。当雄鸟从那里俯冲而下时，它会将翅膀收起，化身水滴状急速下坠，掠过较矮的大厦、玻璃幕墙、钢筋混凝土结构和色彩缤纷的大屏幕，宛若一颗划过夜空的流星，几乎能在身后拖曳燃烧的尾迹或哗哗作响的泡沫。鸽子看到雄鸟突然来袭，便急忙俯冲进水箱和屋顶之间。这一次，这只雄鸟两爪空空重新飞起，与投射到光亮的玻璃幕墙上的影子擦肩而过，这是它再熟悉不过的场景了。

在其他几日，我们拍摄到游隼在哈得孙河上追逐一只鸽子，这一次它可无处藏身了。一对游隼协同作战，它们轮番攻击，直到雄鸟彻底锁定鸽子，接着用其利爪钩住猎物，并呼唤配偶过来帮忙。雄鸟故意让猎物从爪下滑脱，雌鸟飞上前去接收它们的战利品，带回鸟巢拔毛，喂它们的雏鸟。

我们在纽约遇到过一次非常罕见的景象，日落轨迹与该市东西向街道的方向一致，这意味着我们可以见到太阳恰好在第四十二大街末端落山的奇景。这里靠近漂亮的克莱斯勒大厦，也就是说靠近我们的拍摄地点。天体物理学家尼尔·道格拉斯·泰森注意到了这种巧合，这种情况每年都会出现几次。他指出未来的天体物理学家可能会提出理由证明，该市街道的棋盘式布局与太阳运动方向保持一致，只是为了产生这样的景象，就像夏至时的巨石阵。

当然，纽约市整齐的街道并没有什么特殊意义，只不过它们的规整性让导航更加方便些。据说这一景象非常壮观，所以我们也加入了一群摄影师的行列，盯着下面的第四十二大街。许多人已经等了好几个小时，希望阵雨能够停止，这样地平线就能适时地放晴。此时，出租车的尾灯像无数个闪亮的小太阳延伸至远方，每个人都希望拍摄到完美的落日，城市闪亮的幕墙上映出太阳的影像，反射出绚丽的色彩。随着落日临近，人们越发兴奋。道格拉斯·泰森将这一景观命名为"曼哈顿悬日"，它体现了自然世界与我们人类世界的奇妙统一。

最后一刻，云开雾散，街道沐浴在落日余晖之中，美不胜收。人们把对这一时刻的膜拜记录在镜头里，又抢在第一时间把照片发到网上，获得"此时此刻我在这里"的满足。

毫无疑问，我们会一直在我们所生活的世界里寻找规律和意义，哪怕无法找到。为了寻找真正的意义，我抬头仰望克莱斯勒大厦，一只翱翔的游隼融入落日余晖之中，像星星一样炽热地燃烧。

# 纽约市游隼的最新消息

　　在野外，第一次飞行是危险的，但从一座建筑物上开始第一次飞行，会有额外的风险：幼鸟很容易在车流中丧生。我们在布鲁克林拘留中心大楼拍摄时，有两只幼鸟就遭遇了此类不幸。幸运的是，纽约州环保部生物学家芭芭拉·桑德斯对于即将离开鸟巢的它们早有预案。

　　"我会接到电话求助，有时来自鸟巢所在大厦的管理人员，有时来自在马路上发现幼鸟的路人。我会把它们带走，开车送到新泽西州，在猛禽信托基金会为它们检查伤情。如果一切都好，幼鸟会被送回原先的鸟巢，准备'第二次试飞'。有一周，我天天外出救鸟。我把自己的行为称作'游隼礼宾车服务'。"

　　当出生在布鲁克林的第一只雌游隼挤出"牢房"的栏杆，开始生平第一次在街道上空飞行时，它的首秀不太成功：它飘摇而下，被一辆公交车撞上。一位当地人看到了这起碰撞事故，把这只幼鸟装进盒子里并带给了一位兽医，仅仅半个街区的距离——做一只城里的游隼还是有点优势的。这位兽医就是芭芭拉，"游隼礼宾车服务"应运而生。

　　另一只布鲁克林幼鸟是在紧急降落时被当地人救起的，它的经历比它姐姐更为离奇。

　　"这些社区青年真是令人难以置信。他们设法抓住了这只游隼，并把它扣在一个灯罩下面。它在里面不停地上蹿下跳，于是他们又增加了一个灯罩。这种方法不再奏效之后，他们把灯罩换成了倒扣的洗衣篮，顶上再压块砖……纽约人的脑子就是灵活！"

　　这只游隼幼鸟最后被送到了猛禽信托基金会。它没有受伤，在休息了一段时间又吃了一些食物之后，工作人员给它系上彩条带并放飞蓝天。

　　芭芭拉不仅自己乐在其中，也为能有这么多人心系城市里的游隼感到高兴。

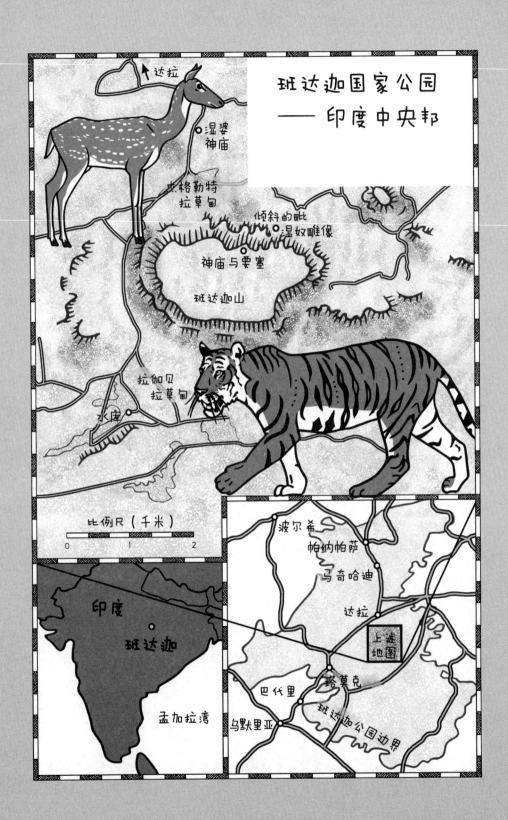

班达迦国家公园
—— 印度中央邦

达拉

湿婆神庙

杰格勒特拉草甸

倾斜的毗湿奴雕像

神庙与要塞

班达迦山

拉伽贝拉草甸

水库

比例尺（千米）

0    1    2

印度

班达迦

孟加拉湾

波尔希

帕纳帕萨

马奇哈迪

达拉

上述地图

蓩莫克

巴代里

乌默里亚

班达迦公园边界

**4**

印度虎寻踪

　　"为美好的明天做好准备，不留遗憾。"新德里机场的这块广告牌读起来像道格拉斯·亚当斯创作的东西。这似乎可以概括印度忙于变革的现状。超过 10 亿人生活在这里，但只依赖几块绿洲，最后几只印度虎也同样如此。2008 年 4 月，我们飞赴这块次大陆的心脏地带。大多数外国人会避开这段时间，因为天气太热了。我们之所以选择这个时候来，是因为这是拍摄老虎的最佳时间。全印度只剩下几千只老虎，而在得克萨斯州，圈养的老虎都比它们多。与如此大型的捕食者为邻，非常不同于跟纽约市的游隼，甚至黄石公园的群狼为伴。

　　现在是凌晨 4 点 50 分，我坐在黑暗中抿茶。周围的丛林渐渐苏醒，这是我在班达迦的第一个黎明听到的声音。我可以从鸟鸣中分辨出一些鸟的种类，例如褐翅鸦鹃正聊得火热，但众多鸟儿汇聚的大合唱，在我听来依然有些神秘。其中有一个声音很突出，在音调和强度上不断增强，"不灵，飞——哦"，而且越来越快，"不灵，飞哦，不灵，飞哦"。我不禁有些紧张。作为一名摄影师，我非常依赖自己的眼睛，但在班达迦的密林中寻找老虎时，我的耳朵也不得不机警地竖起来。我们到这里来，不仅要拍摄老虎捕猎，还要拍摄它们的猎物如何逃脱。这听上去几乎是个不可能完成的任务，我担心拍摄任务能否完成。

　　茶喝完了，我也该出发了。天亮了起来，树木的侧影清晰可辨，我把三脚架固定在吉普车后部的支架上。我们的导游迪格帕尔发动了汽车引擎。他是一位非常和善的拉贾斯坦人，戴着钻石耳饰，留着连鬓胡子和下垂的小胡子。他头戴一顶皮帽，帽檐上还架着一副太阳镜，满是皱纹的脸上笑意盎然。他说，那种叫声像"不灵，飞——哦"的鸟是一种印度的鹰鹃，说罢，他松开了离合器。在尘土飞扬中，我们驱车赶往公园大门，与公园的导游拉姆珈会合。拉姆珈穿着一条印有植物叶子的迷彩裤，脚底下的绣花鞋像公园里的花朵一般鲜艳。这里还有一块告示牌，上面画着一只老虎和一段提示语，我们该把这段话记在心头：

亲爱的朋友，你能否在野外看到我取决于你的运气如何。游园期间，如果只是为了看我，你可能会大失所望的。

大门打开，当迪格帕尔驱车通过时，我们见到一个人正在用一块布抽打一块巨大的半球状"岩石"——他在给一头大象掸尘。大象双膝跪地，仿佛教堂里的信徒，皱巴巴的脚掌心朝上。这个人掸完一侧之后，又大声命令大象转过身。大象遵命，抬起笨重的身体，让另一侧对着那个人，然后再次跪下，那个人便能掸去大象耳后的尘土。我们经过的时候，迪格帕尔朝他挥了挥手。我们在林地沟壑中涌动的溽热空气里穿行。他咯咯地笑着说起另一位班达迦的象夫：此人爱护自己的大象但同时嗜酒如命。大象名叫"高塔姆"，在印地语中是"智慧"的意思。这位象夫以前常常骑着它去村子里的酒吧，喝得酩酊大醉。有一天晚上，他醉卧街头，一些人走过来，试图伤害他，但高塔姆把主人卷起来放在獠牙上并带回了家。这人死后，他的寡妻每年都会从南印度赶过来看望高塔姆，还给它带来礼物。

我们在路边看到一座庙。庙的构造简单，只有 4 根漆着红色和绿色的柱子，支起波纹瓦搭起的庙顶，庙的中央摆着一块男性生殖器石像，旁边挂着一口小吊钟。

我们并未停下，迪格帕尔双手离开了方向盘，而接下来的动作既奇怪又优雅，他把拇指放在鼻子下面，指尖顶着鼻梁，随后闭上眼睛向印度教的毁灭之神——湿婆神祈祷。拉姆珈也一样。他俩双手动作同步，非常娴熟：下，上，再向下。他们祈祷时，我们仍在以每小时 20 英里的速度前进，直到迪格帕尔睁开眼睛，我悬着的心才落下来。他向我解释，没有见过老虎的人有时会来这里祭拜湿婆神，"你也许不信，但确实管用。"

太阳升起来了，一轮橙色的圆盘照耀着草甸，草甸上全是鹿。片刻过后，太阳已经亮到无法直视，浓密的草丛在阳光下染上了火焰的颜色。雄鹿围着雌鹿昂首阔步，低声吼叫，而雌鹿正气定神闲地吃着草。它们是梅花鹿，也叫白斑鹿，一双大眼睛天真无邪，身材修长，两侧有白色的斑点。幼龄的白斑鹿与欧洲的扁角鹿或美洲的白尾鹿有些相像。成群的猴子行走在白斑鹿中间，它们叫长尾叶猴，体态优雅，长长的尾巴竖起老高，活像细细的"问号"。在草场之上和森林的边缘地带隐约可见一处悬崖，峭壁已被一代又一代栖居于此的秃鹰磨白了，而悬崖之上还矗立着一座有着两千年历史的堡垒和一座庙宇。

迪格帕尔和拉姆珈正盯着小路。一条蛇在尘土中做出标志性的滑行动作，就像流水的回波。这里已经数月未曾下雨，离雨季尚有 8 周的时间。我们途经一棵凤凰木，恒河猴刚刚在树上觅过食，红色花朵撒落一地。迪格帕尔降低车速，指着一些窄窄的爪印和我说："印度懒熊。"一棵桉树上有几道长长的口子，熊刚沿着这里爬到一处蜂巢，寻找蜂蜜。早上在公园门口，迪格帕尔指给我看一个男人，他用围巾裹住嘴巴和鼻子，遮住脸被毁容的部分。这种懒熊可不是《森林王子》中那个友好的角色。和印度懒熊一样，老虎也是夜间活动的动物，黎明时分容易看见它们，因为这帮"上夜班的家伙"要准备休息了。

迪格帕尔突然刹车，车头猛点了几下。尘土中有踩踏的痕迹：老虎的脚印。

"这是母老虎的脚印，"拉姆珈把两只手并排放在一起，"公老虎的脚印有这么大。"

"公老虎的脚趾是尖的，"迪格帕尔说，"母老虎的脚趾是圆的。"

路面上，还能看到小一点儿的足印，与家猫足印的形状相仿。这表明刚才走过去的是两只小老虎和它们的妈妈。我希望从足印上看出它们的时间信息，迪格帕尔说确实可以分析出来。

"这些足印在昨天吉普车的车辙之上，所以它们是在汽车昨晚离开之后经过这里的，而且其上尚无新的足印，可以推断老虎今天早上还在这里。"

白斑鹿毫不在意老虎的足印。对它们来讲，运动、气味和声音最重要：这些才能代表迫在眉睫的危险。错误的警报同样危险。如果你不确定老虎在哪里，最好留在原地不动，而不是在草地上乱跑，尤其是在班达迦，这里有全世界密度最大的老虎种群。在1000平方千米的森林中生活着大约45只老虎。白斑鹿与老虎的数量比是300∶1，但老虎每隔几天必会大开杀戒，所以鹿群不能掉以轻心。在这片森林里，它们还有一些盟友。叶猴分成不同的群落混在白斑鹿群当中觅食：母猴和小猴一组，一只强壮而警觉的公猴陪着它们，还有一群年轻淘气的公猴在外围捣乱。猴子的毛皮有着猎装的颜色，脚、手和脸都是纯黑色的。它们浓密的眉毛能与我父亲的媲美，而且它们堪称皱眉头冠军。白斑鹿有灵敏的鼻子和耳朵，即使低头吃食，也处于戒备状态，猴子则有最敏锐的眼睛。它们的望哨待在树梢上，随时准备狂叫报警。面对这种预警组合，连老虎都难潜行至突袭距离之内。体形庞大的捕食者竟然也有无法应对的时候，徒有一身力量。

班达迦由很多位于岩石坡和森林之间的草甸和一处森林构成。森林中主要生长着一种叫作"婆罗双树"的树木。其他植物似乎都因难耐酷热而枯萎，但婆罗双树完全不受影响，还会长出最为鲜绿的叶子。站在它们笔直的灰色树干之间，会误以为站在英格兰南部的山毛榉树林里，只不过色彩艳丽了很多。这里是拉迪亚德·吉卜林的丛林世界，是毛格利和巴洛一起玩耍的地方。这里是花豹巴希拉和森林霸主老虎希尔可汗的家乡，这头大老虎令人胆战心惊但极少露面。我找不到比这里更适合它的藏身之地了：在长长的树影下，光线斜射到棕红色的林地上。在这斑驳之地拍摄老虎如何隐藏和捕猎让人绞尽脑汁，因为捕捉到它们的存在都很困难。我还从未见过野生老虎，我希望迪格帕尔和拉姆珈能教我如何找到它们。

一头大象悄无声息地从我们身后走过来。象鼻子里轰隆隆地呼出一股空气。我扭身跳开，这才发现它离我只有几英尺远。我站在那辆敞篷吉普车的后部，跟大象大眼瞪小眼，那种震撼的感觉就像一头巨鲸在你身边浮出水面。如果一头重达4吨的大象走过来我都感觉不到，那么一只正在捕猎的老虎站在我的面前，我逃脱的机会能有几何呢？

"约翰，它叫印德吉特，意思是'靛蓝'，你在彩虹中能见到这种颜色。"

班达迦的所有大象都有名字：有一头公象叫"森林之王"，另一头叫"靓仔"。这里还有几头母象：一头叫"风暴"，有时会剧烈地摇晃骑在它背上的人。迪格帕尔说，还有一头母象的名字取自印度教的一个教义，意思是"你醒来时见到的第一件美丽的事物"，它引导人们把神的画像放在床边。其中一位就是象神甘尼许，他会带来好运而且总是第一个受邀参加婚礼的。

印德吉特眼睛低垂，长长的睫毛下是明亮的榛子色虹膜。我轻轻摩挲它的皮肤，柔软又温暖。它的皮肤是灰色的，只有前额和耳朵的毛发边缘渐变成稀疏的斑点——就像报纸上放大的照片——可以看到下面粉红色的表皮。它的负载已经卸下，它身上的挽具和大量的绳结像皮革一样嘎吱作响。它已经30岁了：表皮布满皱褶，一副松松垮垮的样子。它扇动着自己的耳朵，听起来像一只手在轻拍一只敞口的罐子。所有亚洲象的耳朵都是传统的"印度地图"形状，甚至还可以把恒河三角洲包括进来，只不过后者的大部分地区如今都属于孟加拉国。印德吉特的耳朵形状也许并未与地图同步，但它是我们找到老虎的最大希望。

象夫坐在高高的象背上，光着脚踩大象的脖子。不过指令没有立刻奏效，就好像司机心急火燎地准备倒车，而"车"印德吉特在走出一连串侧身步后才转过身去。它这样做时还用象鼻子从一棵婆罗双树上扯下一根树枝，剥下树叶吃到嘴里，然后把已经光秃秃的树枝小心地卷起放在鼻子和其中一根獠牙之间，就像我会把一支铅笔架在耳后一样。它会用这根树枝拍打蚊蝇或者挠痒痒。象夫挥舞着手中的无线电台，说会把他的发现及时通报我们，接着他再次踩大象的脖子，印德吉特迈着小碎步悄然离去，土路上留下的足迹比餐盘还大，褶皱线纵横交错。和人的指纹一样，每头大象的足迹也不尽相同。

迪格帕尔也一直在观察它："曾经有一头大象载着4位游客和象夫。他们正在看老虎，一只白斑鹿突然跳出来。鹿从大象的腿间钻了过去，追它的老虎如法炮制，也钻了过去。大象受到了惊吓，飞快转身，所有人都被甩了下来。它一口气跑回营地，跑了足有5千米。"迪格帕尔笑得肩膀一直在抖。

在班达迦，游客只能选择两种交通方式旅行——乘坐吉普和骑象。在这座藤蔓纵横的森林里步行实在太危险了。大象的巨大优势在于它们可以离开道路，而且它们可以通过气味发现老虎，但坐在大象背上进行长焦拍摄几乎是不可能的。也有摄影师搭好超高三脚架，站到象背上拍摄。我向迪格帕尔请教这个问题，他说选择合适的大象是关键：印德吉特就不是理想的选择，因为它太高了，虽然年幼的大象矫健敏捷，但它们容易烦躁，这样安全就得不到保证。一位名叫阿方斯·罗伊的印度摄影师曾经因为一头幼象推动三脚架而摔了下来，径直跌进一只母老虎的地盘。他从地上爬起来且退且拍，以防老虎猛扑过来。

"这个人真是异常沉着，"迪格帕尔说，"很多人会因冲上前来的老虎吓尿了裤子。发生这种情况时，象夫会一边索要高额小费，一边抱怨不得不清洗象轿的罩子。"

我们随吉普车一路颠簸。我注视着两侧的森林，看得越仔细，就感到它们越怪异。一些树看起来像被炸过或被圆头槌砸过一样。还有一些树的树皮像牛皮纸一样一小条一小条地脱落，露出了里面光滑的绿色部分。其中一种是珍稀而美丽的印度桉树，树皮皎白如月光，而且柔软至极，指甲轻轻一划就会留下印迹。还有一种树的树皮像鳄鱼皮。这些树不像我家乡的树木那样矜持，而是相互纠缠，树干是分开的但挡不住其他部位的无缝融合。一些树已经被寄生的绞杀植物裹覆，后者绕着宿主恣意生长，仿佛熔化的蜡液到处流淌。经过几十年的野蛮生长，绞杀植物的枝干都缠得紧紧的。在这个东拼西凑形成的丛林里，杂乱的植物后面藏着多少老虎谁也看不出来。我真的很努力，但总是感觉无从下手，因为我不知道在快速移动的树干和枝丫间，什么形状才是我们搜寻的目标。或许我应该把寻找扇动的耳朵或抽动的尾巴作为突破口，也许是一块长长的背影，也许只是一片安静得异乎寻常的草地。来到这里的第一个早晨，我根本看不到任何有价值的线索。不过，丛林中的声音暗藏玄机。如果能弄明白这些声音代表的意思，你会发现线索其实无处不在。

声响之于我们的拍摄还有另一层重要性。电影如何运用声音展现看不到的东西，我们的导演迈克很感兴趣。他对西部牛仔电影《西部往事》感触颇深：风力水车有节奏的咯吱声、滴水声和蚊虫的嗡嗡声都被巧妙地用于营造紧张的气氛，不可避免的枪战似乎一触即发。在本次拍摄中，迈克希望使用自然声音达到同样的效果。他想象一只鸟在有节奏地鸣叫，同时伴以人类脉搏的跳动，而随着老虎的移动，脉搏的跳动还会加速。鹰鹃是再理想不过的演员了。我们有专业的录音师安德鲁，他会收集这些声音。为了让这一理念完美实现，我需要拍摄必要的镜头表明正在发生什么，同时能暗示即将发生什么。例如，从老虎的视角，透过草丛和树叶观察白斑鹿，以及从白斑鹿的视角，表现它在回望时看到的斑驳模糊的景致。在野生动物的拍摄过程中，这些并不是随意可得的日常场景——我喜欢这种挑战。

我们来到一块小草甸的边缘，这里景色很美，有树有草有池塘。刚一转弯，3头侧卧的老虎便映入眼帘，好像精心准备多时就等我们参观一样。这一切来得如此突然，我彻底惊呆了：它们如此优雅，母老虎站起身，伸了伸懒腰，展现出所有大型猫科动物都拥有的那种从容不迫、气定神闲。老虎身上的图案单独看似乎过于夸张，但若以森林为背景，它粗犷的条纹和橙色的毛皮就成了完美的伪装。

为了不惊到它们，我小心翼翼地将摄像机安装在三脚架上，摸索着接好线缆，尽量避免金属磕碰发出声响。我曾以为，由于这里的活动空间比动物园大得多，野生老虎会显得比动物园中的老虎小，但实际情况恰恰相反。又有一只老虎起身活动：这是一只幼虎，体形与大丹犬相仿。它走进草地里，随着它的行进，分开的草叶渐次合拢，直到它出现在妈妈身边。它们先是一番耳鬓厮磨，接着虎妈妈抬起口鼻，但仍半闭着双眼，小老虎在虎妈妈的下颌底下蹭来蹭去。虎妈妈似乎很放松，处于没有戒备的放松状态。小老虎打了一个滚后躺下，脚腕弯曲，爪子搭在胸口处。它的四足很粗大：随着年龄的增长会更加强壮。母老虎泰然自若地站起身，往树林远处走，我的目光被它牢牢地吸引住了：它的肩膀在条纹图案的毛皮下舒缓地起落，仿佛一位穿连衣裙的女士在优雅地走路。它的两只幼虎跟在后面，越过倒地的树干，还相互"撕咬"一番。

"它们有9个月大了，"迪格帕尔说，"还要跟着虎妈妈生活1年。到那时，它们的个头就会和妈妈一样大。"一想到会有3头大老虎结伴在这片森林里巡游，他的脸上就露出了微笑。

人们在度假时拍摄老虎的影像近年来才成为可能。在印度1969年禁止猎虎之前，老虎还完全是夜间活动的动物，而且畏惧光明。后来，印度大多数森林都消失了，老虎也稀少起来。剩下的这些为数不多的老虎意识到自己在白天被射杀的概率很小，越来越愿意在白天显露真容。正是这种变化让"观虎游"成为现实，还催生了一股电视节目热潮，比如我们的节目，这反过来又促进了游客数量的增长。旅游和电视节目的兴起，让这片老虎的领地一派生机勃勃。然而，尽管迪格帕尔在8年里至少见证了24只幼虎的诞生，但老虎的种群数量并未发生改变。那些幼虎都不在这里。它们中的绝大部分，尤其是公虎，都被成年虎杀死或赶走了，被迫离开了这片森林。

与这种凶猛的捕食者生活在同一片屋檐下，许多印度人对此展示出了惊人的宽容。当然，老虎受到法律保护，而贫困的农民也没有什么话语权，令人难以想象的是，大多数生活在英国和美国的人，也得接受同样危险的环境。即便如此，野生老虎仍然岌岌可危。最近的森林保护区距离班达迦大约200千米，那里食物充足，可以维持一定数量的老虎生存。它们确实会跋涉那么远，穿过耕田，但找到类似生活环境的机会委实渺茫，事实上大多数离开班达迦的幼虎再也没有露过面。有一些沦为非法捕猎的牺牲品，其他则被带电的铁丝网（为了保护庄稼不被其他动物糟蹋）电死或因袭击牲畜被毒死了。有关部门时常会派一名象夫骑着大象监视在外面迷路的老虎，偶尔也会把它们圈养起来，但找不到可以放生的地方。对于老虎而言，这就是踏上了一条不归路。

在东南亚，一碗虎鞭汤的价格可能超过200英镑，据传（其实没什么证据）虎鞭有壮阳的功效。一箱虎骨酒可能价值20000英镑，据说可以祛寒，但高昂的价格除了可以牟利，着实与健康没什么关系。现存印度虎的最佳机遇，在于它们活着比死掉更有价值，当然它们也值身上这层斑纹：100辆观光车意味着可以提供200个司机和导游的工作岗位，同时其他人可以在保护区外从游客身上挣钱。虽然如此，老虎所承载的利益链条，可能是老虎凭自身能力无法解决的一个问题。

有关能看到这一家老虎的消息传播得很快。为了避免游客拥堵，公园规定司机在上午走不同的游览路线，但今天下午至少有25辆游览车直接开到这里。许多导游和司机在靠边停车时，都恭敬地和迪格帕尔打招呼。他经常送钱给他们或帮他们解决问题。在为期9个月的保护区开放季内，拉姆珈每天都要工作，照顾家人便成了他要努力解决的一个大问题，但迪格帕尔帮他买了一辆电动自行车，这样他每天晚上都能赶回家。

我没有任何理由抱怨汽车的数量，因为我们就占了其中两辆车，但我觉得有些人开车太猛，尤其在靠近老虎时，没有丝毫顾忌。迪格帕尔竭力告诫那些司机，他们的自私行为正在扫每个人的兴。他说一些人只顾多挣小费，将老虎的福祉抛诸脑后。其他人如果不付出同样的努力，可能根本拿不到小费，所以他们拼命成为最靠近老虎的人。他说他曾看到一位女士把相机扔到地上，大声喊道："为什么我们总是最后一个到达呢？"

当然在我看来，这很好理解，我们有充裕的时间等待老虎靠得更近些，但大部分游客只有一两天的时间拍照。这是一个经典的环境问题，每个人都想从这个大蛋糕里分一杯羹。全世界的人都是如此，并不只有在印度会这样。若某样东西很稀有，其价格就会上升：从开车最猛的司机挣的小费，到保护区周围卖出的用于建新旅店的土地，也包括把虎骨卖到远东的偷猎者开出的价钱。随着老虎种群萎缩，甚至人们（比如我）拍摄的照片也更值钱。

迪格帕尔通常会指出事物积极的一面，这一点让我感到很惭愧，因为我没有注意到，大多数游客都是印度人，而且很多人都带着双筒望远镜和长焦相机。他说这是一个新趋势。他们是真正想看到老虎的印度人。

到了正午时分，天热得令人难以忍受，对习惯在相对凉爽的地方拍摄的人来说更是如此。老虎已经躲进了阴凉地儿，甚至迪格帕尔也感到热了。他建议我们参观一座背靠泉水而建的毗湿奴神雕像。这是唯一一处我们可以下车活动腿脚的地方。这座雕像是几个世纪前用石头雕刻而成的，它巧妙地利用了泉眼的位置，泉水恰好从毗湿奴神的脚下汩汩涌出。这处泉流叫查兰甘嘎，是恒河的一个支流，恒河最终在几百英里之外的孟加拉湾入海。一代又一代的老虎把幼崽带到这里饮水并在阴凉处休息。终年不绝的泉水流入林中池塘，滋养着茂盛的青草，为鹿群提供充足的食物。和世界上的很多最佳自然保护区一样，这片森林最早被开辟为皇家专属狩猎场，其中一个原因就在于此地的泉水。

树林里聒噪的蝉鸣仿佛锯条切割金属板发出的刺耳噪声：这是为炽热的太阳奉上的完美配音。我们离开毗湿奴神雕像，把车停在草甸边的阴凉里。附近有一座小水坝，鹿和猴子都聚集在水边。一只白斑鹿正在小憩，两只猴子的尾巴像钟绳一样搭在它的脸上。叶猴都坐着，手交叠放在膝盖上，不住地点头，它们正竭力不闭上眼。现在它们处于最容易受到攻击的状态，但它们有第三方联合望哨——一只鸟。当地人说，这种鸟对自己华丽的尾巴颇为自豪，看到自己丑陋的双腿就会忍不住尖声啼叫。你可能猜到了，这种鸟就是孔雀。一看到捕食者，它就会惊声尖叫。

一只翠鸟扑啦一声扎进池塘。在我们周围的树上，小叶猴还不怎么闹腾。它们把头藏在妈妈的胸脯下，尾巴向下耷拉着。整个鸟群都在树杈上熟睡。白斑鹿哨兵在岗位上睡着了。一阵微风拂过，树叶晃动，我用镜头记录下这一刻。这尚不足以唤醒猴子，但白斑鹿的气味也许会扩散进老虎的鼻子里。我们侧耳倾听，但并无任何警报。平安无事。

迪格帕尔把我们带到保护区入口附近的湿婆神庙。他带了一些椰子作为祭品，希望我们拍摄顺利。钟声和椰子在石头上被砸开的声音把叶猴吓得跑了起来，我正好可以拍摄一组叶猴的特写镜头。它们已习惯了与人类共处，还把家安在了附近。这时一只猴子发出警报，所有的猴子都蹿进了树林。在草甸的另一端，一只老虎正穿过森林。我拍到了猴子发出警报的过程，迪格帕尔脸上的神情仿佛在说："看，我说的没错吧。"

下午我们要做一个选择：一方面，老虎可能会去水坝附近喝水，但这将是一个较长的拍摄过程；另一方面，尽管各路游客蜂拥而至，但此前我们拍摄到的虎妈妈和两只幼虎很有可能会出现。安德鲁需要一个安静的地方录音，于是我们把他留在水坝旁。我很欣赏他的做法，他知道如何对待车上的人，他会给他们一人发一个耳机，这样他们可以自己聆听这些动人的声音，而他也可以获得异常安静的录音环境。他们已经非常习惯处于静谧之中了。

在老虎一家之前待过的空地上，没有虎妈妈的身影。而幼虎几乎淹没在高草丛里，我们的镜头捕捉不到，所以傍晚再次见到安德鲁的时候，我们并未拍到多少素材。他问他的导游："是你告诉他们还是我说？"

原来当我们离开后，一只高大的水鹿走到水边饮水，后面就跟着一只母老虎，它偷偷靠近并把水鹿逼进水里。水鹿游过池塘，消失在丛林里，还经过了安德鲁的汽车。在接下来20分钟的时间里，母老虎的3只幼崽从岸边跑过来跳到它的后背上，它们一起在水中玩耍。周围一个游客都没有，安德鲁把它们嬉戏的声音完美地记录下来。我们没有图像与之相配。

每次拍摄期间，你希望发生的事情，通常只有一次机会出现。而这一次安德鲁交到了好运。

几天后，"印德吉特"打来电话（象夫的呼叫信号没有用自己的名字，而是他的大象的名字），那位带着两只幼虎的虎妈妈又出现了。我们的汽车在路上颠簸前进，还从翻飞的大团蝴蝶中钻过。它们扇动着的翅膀泛着紫光，仿佛焊弧的残像。我们行驶在由碎砖块和推倒的房屋铺成的车道上。这里所有的草甸以前都被村庄环绕，一共有7座，但在20世纪70年代，村民都被重新安置到其他地方，形成了今日班达迦保护区的雏形。拉姆珈坐在前座，正在不动声色地调侃迪格帕尔。我想知道他每次经过这里的时候是否会想起这些。他的村庄位于公园附近的林地里，几年前，政府根据授权，将他的村子和另外 10 座村子里的所有村民迁走，随后将房屋夷为平地，为老虎腾出更多的空间。迄今为止，只有区域政治延缓过这一进程——各方的选票拉锯战。作为导游，他的收入（含小费）比工人高出六七倍，他每天 450 卢比。即使如此，他很快就会发现自己正带领游客走过祖屋的废墟。对像拉姆珈这样的人而言，为印度虎提供生存空间的代价确实非常高昂，但如果没有当时依靠非凡努力成立的这些保护区，现在印度也根本不会有野生老虎。

象夫的情报是准确的，当我们拐过最后一道弯时，母老虎正躺在车道边上。附近已经有人了，多数游客都待在吉普车里看得起劲，周围鸦雀无声。在傍晚的溽热中，我们等着它做点什么，森林的气味越发浓烈，混在一团团热空气里不断涌来。先是一股蜂蜜的味道，接着是罗望子树散发出的类似茉莉花的浓烈味道。一股混着麝香味的刺鼻尿骚味被香料和嫩芽的味道取代，随后又弥漫着某种腐败的味道。迪格帕尔说，那是河床上腐烂的落叶发出的味道，并非来自尸体。气温逐渐回落，从炙烤变成了烘烤，接着又变成了慢炖，直到最后空气温暖如肤。这种感觉非常美妙，就像躺在温暖的海面上漂流。能在这里，能在这只老虎的旁边，我们仿佛置身于梦境之中。

它终于站了起来。什么东西正在穿过树林，但我无法辨别出来。我打开摄像机，聚焦在它的脸上，背景是高高的草丛。它正凝视着什么。绿色的双眼冷若冰霜，而且纹丝不动，仿佛在瞄准目标、测量距离。我依然不知道它看到了什么。它开始缓缓迈步。一根倒下的树杈挡住了它的去路，如果清理路障肯定会弄出声响，引起注意。它腰部一弓就弹了出去，没有往下看，连眼睛都没眨动一下，又悄无声息地落回地面，好像什么都没有发生。我的反应都赶不上它的动作，但为了跟踪它，我只能在它前进时保持聚焦并随时转动摄像机。真是万分紧张。我不能动弹，它也一样。此时，并没有听到猴子或孔雀的叫声。

条纹毛皮下的肌肉开始隆起，它行动了！它跃出一大步，我这边也采用了摇摄技巧，它依然在取景框内，依然处于聚焦状态，它移动时悄无声息，但矫健敏捷，几个箭步便冲进森林里：优雅与力量的完美化身。它的身影很快消失了，但刚才的一幕已经被我拍了下来，我可以放松一下了，我冲着迪格帕尔微微一笑，他也开心地咧嘴笑了。三只白斑鹿从旁边的草丛中冲出来，原来它们一直藏在里面，我吓了一大跳，它们更是吓得浑身僵硬，冲着母老虎跺脚、咆哮、吐口水。

它回来了，知道已经被人类看到了，捕猎没有继续下去，但它摇晃着自己的尾巴，一副满不在乎的样子。它的幼虎在车道的另一侧。为了到那边去，它必须从密集的吉普车阵中直接穿过去。车里喧哗起来。我有一个冲动，想把摄像机转过去，记录一下母老虎看到了什么：吉普车阵的纵深为三排，每排有六七辆，五十来个人通过镜头齐刷刷地盯着它，闪光灯的光芒在它睁大的眼睛里熠熠闪亮。电影不该这样拍，我自言自语，有些三心二意。我来这里是准备拍摄它精彩的自然行为的。这些片段会配上优雅的旁白，讲述生活在原始森林里的母老虎如何机智地诱捕猎物——但我想大喊："看！这才是它每天见到的情景。"

它穿过车道，我一直在跟拍它。它鼓起勇气，龇着牙并开始啸叫，像镁光灯下被惹怒的名人。当然，我知道这部分素材绝不会用到，而且我也是狗仔队的一员：我的拍摄会鼓励更多的人前来。

或许这种关注就是珍稀和美丽的代价——名气的代价。就像机场那块告示牌上写的那样，这是印度另外一种不可避免的麻烦和不便，我们对此也只能深表遗憾。

或许对老虎而言也是如此，这是生存的代价。

# 班达迦老虎的最新消息

　　每年的 7 月到 10 月，班达迦保护区不对游客开放。曾有一位护林员在那段时间身亡，遇难地点靠近我们拍摄老虎一家的地方。他孤身一人，因此我们只能通过零碎的信息了解当时发生了什么，例如他的自行车被丢弃在了车道上，以及被啃噬得残缺不全的尸体在树林深处被找到等。公园管理方得出结论：他可能是被两只幼虎中的一只咬死的，后者尾随他进了树林。人们用麻醉枪捕捉了两只幼虎，将之运往博帕尔市的一座公园。它们现在成了笼中老虎，而它们的妈妈依然待在保护区里。自 2013 年起，人们再也没有见过它，不过它的女儿接管了它的领地，还生了好几只虎崽子。像班达迦的很多幼虎一样，有些虎崽子被成年公虎杀死了。

　　我于 2008 年到该保护区进行拍摄，自那以后，保护区也发生了一些变化。部分区域已经对游客永久关闭了，核心区内的吉普车数量也被大幅压缩，以最大限度地减少对印度虎的干扰。结果就是公园导游的生意减少，收入也随之下降。2014 年，他们搬迁了毗邻保护区的两三座村庄。说不定哪一天，拉姆珈的村子也会被夷为平地。

　　在印度其他地方，比如南部的卡纳塔克邦，人们正在努力建设生态走廊，把孤立的小块森林联系起来，方便老虎在森林之间迁移。一张虎皮和一只老虎的器官就能卖到 5 万美元，因此偷猎行为依然猖獗也在意料之中，而且毫无疑问，老虎仍处于令人绝望的困境之中。尽管面临诸多问题，但它们依然是众多濒危野生动物中的幸运儿，因为我们至少不计成本地保住了一些老虎的生存之地。这一进程能够实现也得益于有如此之多的人赞美这些具有超凡魅力的大猫。

栖息地的丧失是地球生物多样性面临的最大威胁，但筹集资金保护生态环境也并非易事，因此保护机构经常把有吸引力的动物作为他们的啦啦队。保护像老虎和大熊猫这样的"旗舰物种"实际上也是在保护它们的家园以及所有生活在那里的动植物，但如果你是不太吸引人的动物，又没跟老虎住在一起，那该怎么办呢？

印度政府每年都会拿出大约一半的保护资金用于保护老虎，分配给印度其他 131 种同样处于"极度濒危"（距离灭绝只有一步之遥）状态的动物的资金就少得可怜了。举个例子，双领走鸻非常害羞，是一种在夜间活动的鸟，目前可能仅剩 50 只，然而并没有人在马路上为它们募集资金。全世界大约有 20 000 种濒危物种，但只有不足 100 种获得了最多的关注，老虎正位列这份名单之首：更多的资金投入对它们而非其他动物的保护中，大约每年 4 700 万美元。从某种程度上讲，投入的效果似乎超出了预期。

2015 年，印度政府宣布，借助新型调查技术，比如自动摄像头跟踪，研究人员统计出本国的老虎数量大约为 2 200 头（实际在 1 945~2 491 头），而 2006 年时只有大约 1 400 头（实际在 1 165~1 657 头）。老虎种群数量出现增长的是中央邦，其中包括班达迦保护区。除了调查方法的改进，这一增长还应归功于反盗猎的成功以及我在班达迦看到的那些改变——尽最大努力保护更多的老虎栖息地，包括连接未受打扰的核心地带的生态走廊。

我们仍有很长的路要走。在世界范围内，尚存活的野生老虎数量不及一个世纪前的 5%，而在老虎生活过的国家中，有半数已经难觅虎踪。

我们倾向于保护我们最喜欢的动物。换句话说，在保护野生动物方面，不同的国家都有自己的优先顺序。例如在中国，作为世界最珍稀物种之一的白鹤受到了特殊保护，因为中国人认为它会带来好运。

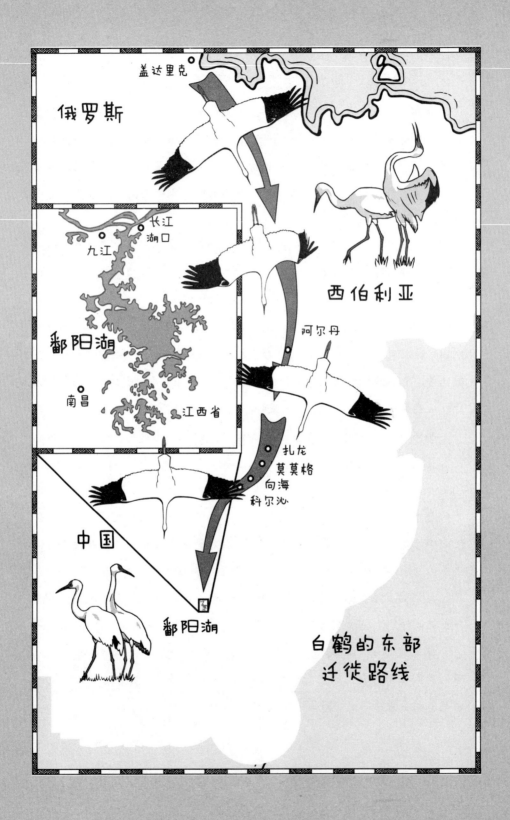

# 5

一根幸运的鹤羽

一床羽绒被、一块电热毯，外加两层衣服，睡袋里还算暖和，不过现在已经 4 点 40 分，该起床了。拍摄野生动物需要记住一条简单的规则——靠近。这次，我来到了中国长江边上的鄱阳湖，众多鸟类会来这里越冬，我希望尽可能地靠近其中的一些。在这些候鸟中，白鹤（西伯利亚白鹤）可谓皇冠上的宝石，但它们非常罕见，迄今为止行踪也捉摸不定。

我们住在一家观测站里。我的助手艾可已经叫醒了这家观测站的负责人。我们私下里叫他周叔。他年纪可能并不比我大，却长着一张布满皱纹的脸，好像一位和蔼可亲的老爷爷。他的脾气比较古怪，这一点和鸟类有些类似，而且他喜欢肢体语言，总是迫不及待地强调重点。观测站还有一个职责，就是充当保护区的一处警卫室，但这里的安全防范并不严：前门的钥匙已经找不到了，他们就整夜不关门，尽管已经到了 11 月。昨天，我们在贴着白瓷砖但满是污垢的房间里和几位警察一起吃饭。天气寒冷，不再需要用冰箱储存食物了，于是冰箱就被切断电源，用来储藏餐具。晚餐是狗肉汤，我只吃了其中的蔬菜。艾可抬头看了眼肮脏的墙壁，发现厨房门上方贴着两张指示牌。

"你看，这一块牌子上写着'饭前请洗手'。"她说。

"那另一块牌子上写的是'厨房'吧？"

"不对，写的是'万事如意'！"

"运气"在中国真的很重要。在走廊上等着去恶臭四溢的卫生间时，我竟然在墙上看到了一张运程图，上面说今天不宜出行，不宜户外工作，也不宜与动物待在一起。

我们在城里与保护区的主任首次会面时遇到了一个问题。他更像一位精于算计的商人，他认为既然保护区允许我们拍摄，作为交换，保存一套录像带是公平的。由于艾可已经从北京的总部拿到了拍摄许可，再如此交易似乎不太合适，于是我们做了一番协商，最终达成妥协：他会指派副主任陪同我们，带我们去最佳观鸟区域，而我们要在日后为他复制一套工作样片。他看上去有些怀疑，不过还是同意了。还有一位厨师会与我们同行，而且基于我无法揣测的原因，我们将乘警车开始拍摄行程。我坐在后座上，脚边放着一口麻袋。麻袋很快抽动起来，里面是一只骨瘦如柴的小鸡，这是厨师带上车的。

"艾可，这是给我们的晚餐预备的吗？"

"不是，厨师说这只鸡太瘦了。到鸟类保护区'度个假'，也许能让它好起来。"

中国真奇妙。你看到的和实际情况往往是两码事。

下车之后，这位副主任带我们寻找白鹤，他依然穿着一套西装。在选择湖畔观鸟点的时候，他只考虑自己那双锃亮的皮鞋会不会被泥巴玷污，而不管那里是否适合观鸟。他站在那里，手臂交叠抱在胸前，不耐烦地等着我拍摄，但这座湖实在太大了，这片区域似乎什么都没有。我往远处走，离这位领导越远越好，他正来回踱步，不时看表，还会在岸边的三脚架旁蹲下来。蟋蟀在水畔的草丛中唱歌，远处有一只受惊的东方白鹳，它不断开合的喙上下碰撞，发出的声音仿佛来自一台舷外马达。抬头远望，行行白点正在向大湖深处飞去，如同飘荡的缎带。它们是从北方飞过来的苔原天鹅。亲鸟用高昂的呼喊安抚雏鸟，雏鸟也积极回应，它们还不足 6 个月，一家人一起飞行令它们很兴奋。"我们快到了吗？"我猜它们会这样问。天鹅避开了我们这些直立的人类，它们垂下双足，收起翅膀，在远处盘旋而下。

鸟类提防人类是有道理的：毕竟我们发明了火枪，还有摄像机，但它们的叫声并不胆怯，它们也是穿越大江大海才飞到了我们身边。我的朋友克里斯·沃森是一位野生动物录音师，他告诉我，不要把鸟类的叫声视为"噪声"（他说这个词含有令人讨厌的意思），而应视为"声音"，声音总是很有趣的。

远处传来数千只大雁连续不断的低沉叫声，这些声音汇聚在一起，间或也能听到尖厉的啼叫，可能是在争执不休，或是在撕破脸皮之后又言归于好，又或是在虚张声势、自吹自擂。其实雁群距离我们比天鹅群还远，地平线上的一群灰色斑点而已。能拍到它们起飞的场面将很有价值，于是我仔细分辨雁群里是否发出了预示起飞的信号，但它们依然在喁喁私语，声音忽高忽低。

风中传来略带悲伤的声音，我转过身去，以为有人在叫我的名字，但三位中国人的身影依旧远远地在那里。我们的司机军正在采集植物。领导正在打电话，丝毫没有顾及正在尝试录音的艾可。艾可只好放弃录音，转而对着自己带到湖边的书，学着辨别鸟的种类。她从来没有花过那么多时间观察鸟类，她会通过这一举动发现自己喜欢鸟儿。中国的观鸟人少得可怜，不过，随着生活水平的提高，他们对自然表现出了更多的兴趣。即便如此，当我早些时候问艾可大多数中国人如何看待鸟类时，她回答道："好吃！"

叫声再次传来：一只小水牛正在找妈妈。远处传来一阵低沉的撞击声，可能是雷声或者枪声。雁群的饶舌戛然而止，周遭更显静默。我的手搭在拍摄键上，又过了很久，我知道每只大雁心里都在想：我们要飞起来吗？见到湖面上的苔原天鹅并未惊慌，雁群很快放松下来，恢复了中断的"讨论会"。从更远的地方传来微弱的咯吱声，听起来像大门生锈的合页被反复开合发出的声响：这是白鹤的叫声。虽然我们等了一整天，但白鹤并未现身，雁群没有飞，我什么都没拍到。

一周以来，我们在湖边看鸟，只能看到远处的小黑点。艾可得出结论，那位副主任可能把我们引入了歧途。或许他的上司并不相信我们会给他一套录像带。她建议我们乘公交车溜走，与那位老派的周叔接触，他真正喜爱他所研究的那些鸟儿。

我们摸黑悄悄来到湖边，没有听到鸟鸣，这恰恰是我们所希望的。周叔说，过去几天有一大群苔原天鹅和几只白鹤在此逗留。在它们开始活动之前，我们应该还有时间在黑暗中搭好帐篷。在此之前，我们先得穿过一条河，但是我们看不到船夫的影子。艾可和周叔跑到河边，朝着对岸船夫的房子大声呼喊，而我守着摄像机和折叠好的帐篷心急如焚。聆听着林间风声，我寒战连连，更觉离家遥远。河里溅起水花，可能是水鼠，也有可能是鱼。两只雉鸡从空中飞过，只余翅膀扇动的声音。

我想到了军昨天送我的礼物。他微笑着把礼物递给我：一根漂亮的白羽毛，比我的手稍长些。羽毛是在这里发现的，它的大小表明这可能是一根来自白鹤的羽毛，只有白鹤才会让它如此特别。全世界只有不到 3 000 只的白鹤，它们几乎都会到鄱阳湖越冬。

艾可沿着昏暗的河岸摸索着走回来，她说船夫的妻子对他们的呼喊做出了回应。原来昨晚船夫喝醉了，但他无论如何都会摆渡我们过河，要是他赖床，她就把他从床上踢下来。几乎过了 1 个小时，船夫才赶过来，他趴在船桨上，看上去不太舒服。然而，现在天已经亮了，我们应该什么都拍不到了。我们到达这里也是颇费周折，带着所有的摄影器材，把自己塞进公交车里，又住进寒冷刺骨的房间，使用污秽的卫生间。结果固然令人沮丧，但这是野生动物拍摄的常态。很多方面都会出差错，大多无法控制，比如气候或者鸟儿的行为。我只能尽力达成自己的拍摄目标并在旅途中排除万难，当然也要相信运气。因此，当我们来到湖边，却连一只白鹤或天鹅都没找到的时候，我没有感到特别惊讶。相反，在第一缕晨光下，我看到了一大群塍鹬，这是一种涉禽，有数千只之多，在不停叽叽喳喳，如鸟类宠物商店般喧哗。它们似乎不怕人，既然如此，我就对着它们搭好了伪装帐篷。塍鹬在西伯利亚的森林和湿地里繁衍生息，到这里来越冬。我的白鹤羽毛也来自那里，当然是随风飘过来的。

真是一个奇妙的想法，不是吗？简直就是奇迹。

忽然，塍鹬被什么东西惊扰了，悉数腾空而起，黑白相间的尾巴和灰色的身体填满了天空。它们喙部向前伸出，长长的鸟腿向后拖曳，看上去像双头怪鸟——也许可以称为"身不由己鸟[1]"，但是它们为何要飞走呢？3个男人从一排帐篷处朝我们走来。我敢肯定这群鸟要离开了，但是感谢艾可，她冲过去拦住了他们。自从我们来到这里后，她就一直在担心可能会有"脾气暴躁的人"睡在这些帐篷里面。但她自己可能就需要一顶帐篷，当我拍摄时，她能在里面躲避刺骨的寒风。她保证会发短信给我，让我知道我平安无事。我开始在6英寸深的水中组装伪装帐篷，塍鹬又飞回来了，迟到者落满了沟坎和浅水滩，恰似它们曾布满天空。

我真的很喜欢伪装帐篷。这种粗糙的绿帆布和我冰冷的双手是老相识，它们又会面了。甚至它熟悉的气味还让我想起在其他地方的拍摄经历：这套帐篷陪我走遍了全世界。我甚至喜欢组装帐篷的那一整套流程：把一切都安装就位，用稀棉布掩饰镜头，之后把小板凳放在备用帆布上，这样我落座时，

---

1　身不由己鸟，push-me-pull-you birds。作者这种说法借鉴了休·洛夫廷（Hugh Lofting）在系列小说《杜立德医生》中杜撰的一种双头动物 pushmi-pullyu。

它就不会陷进泥里。还有一些琐事：把巧克力和水放在手边，稍稍调整小板凳的位置，这一切都是为了延缓脊柱产生酸痛。我要在这里待几个小时，这是我的第二个家：如果可以的话，我还会烧壶水。心满意足的我坐回凳子上，开始耐心等待，同时又想起了那根白色羽毛。

羽毛是件好礼物，它们本身就是珍贵的。我的孩子们喜欢把苍鹭尖尖的胸羽插进头发里，扮成印第安人；30 年前，我曾在森林里发现一根从松鸡翅膀上掉下的蓝色羽毛，宛如一颗遗落林间的宝石。当军递给我这根白色鹤羽时，他模仿写字的动作并用英语说"铅笔"，他想说的其实是"钢笔"或者"羽毛笔"。他当然是正确的。羽干的末端强健而圆润，人们曾将这一部位雕成笔尖。这根羽毛本可以做成一支非常精美的笔。

我一直试图读出军的姓，听起来与"chewing"的发音有些接近，但与艾可嘴里说出来的还是不太一样。她还一直在教我另一个汉字的发音，类似咬舌发出的咝咝声，"tsss"，发音时嘴巴微张，舌尖抵在牙后。她说，这个字（"词"）的意思是"词语"。这时，伪装帐篷旁边的植物丛中飞起一只田云雀，完美地发出了"tsss"的声音。自然界的声音和我们自己发出的声音——我们说出的话——存在着联系，类似的情况还有很多。静静地坐在帐篷里让我有机会好好注意这一切。另一种鸟发出"推——推——推"的声音。这是一种涉禽，像一支黑箭从眼前飞过，尖锐而致命。它的背部有一块白色"V"形图案，非常显眼，从这一点可以确认它不是塍鹬。我能分辨出它的叫声，还知道鸟腿的颜色。它叫红脚鹤鹬，显而易见它的腿是红色的。"推——"它又开始叫了，它的叫声与军的姓的发音最接近。

在古代，人们严肃对待鸟类生活与人类生活的交织。鹤是古希腊占星家的象征：这种鸟能在高空飞行，飞行的范围也非常广，应该对世界略知一二，通过细究鹤群获得把握未来的一些线索似乎合情合理。罗马人也相信上述说法，而且英语中有一个单词"auspicious"（吉祥的，字面意思是"鸟瞰"），源自古罗马人根据鸟类的行为预测运气的做法。其他单词中也能找到鹤的身影。古罗马人把鹤称作"grūs"，这与它们的叫声有关，又因为鹤似乎会商讨并协调它们的行动，"congruere"便成了拉丁语中表示"协商一致"的单词，现代英语中"congruence"一词也由此而来。据说有好几个希腊字母是根据鹤群飞行时的阵形创造出来的，比如希腊字母 Λ，英语字母 L 也源于此。

我们对这种鸟并不陌生，但对它们为何迁徙的解释在很大程度上还只是推测。亚里士多德认为它们飞到非洲是去过冬，但在古代中国，人们有着其他见解：鹤在无尽的旅程中会把亡灵带走——驾鹤西游。

我躲在伪装帐篷后面观察空中的情况，没有迹象表明有白鹤或天鹅加入在泥泞的湖边活动的塍鹬群。这些涉禽在那边叽叽喳喳很是热闹，但并不和谐。最严重的欺凌事件要数它们用尖锐的喙猛戳一只鸟的后背。我现在认出它们来了：这些鸟叫黑尾塍鹬，就是我小时候在朴茨茅斯附近的盐碱滩上见到的那种鸟。它们是我童年记忆的一部分，今天能与它们共度一段完全不受打扰的时光令我颇为激动。这也是我钟爱伪装帐篷的原因：能靠近观察而不被发现。

涉禽是伟大的旅行家。无论是从冰岛飞到英国，还是从俄罗斯飞到中国，这在黑尾塍鹬眼中并无任何区别，目的地有虫子吃就行。它们的近亲斑尾塍鹬的旅程给人留下了最为深刻的印象：它们创造了迄今为止有数据记录的鸟类迁徙连续飞行的最长距离——在 9 天的时间里，飞行 11 500 千米，从阿拉斯加直接飞到新西兰，飞行高度可达 4 000 米。与斑尾塍鹬不同，白鹤迁飞时途经陆地，为了进食会中断旅程，即便如此，它们依然要飞数千英里。如果没有羽毛每日创造的神迹，这样壮观的旅程根本无法完成。

虽然这根白鹤羽毛的重量几乎可以忽略不计，但它非常强韧。它有光滑的羽轴——前端嵌入鸟的身体——能感受到湍流和气流的变化，快得超出想象。羽轴向外延伸出羽枝，就像雄蛾羽毛状的触须，仿佛这根羽毛把心袒露给了蓝天。我用手指摩挲着柔嫩的羽枝，它们分列于羽轴的两侧，勾勒出曼妙的帆船或飞行器的曲线，它们共同构成了羽片。我的手在羽片上掠过，有如气流，没有一丝阻力。

有线索表明，这根羽毛属于白鹤身体的某个部位，我也知道它的作用是什么。它并不是翼尖上的"手指"——鸟的初级飞羽。初级飞羽是最长的、最坚硬的，在应力扭曲下具有最完美的空气动力学外形：人类的工程师拼命模仿这一特点。实际上，它是一根次级飞羽，是翅膀负重的主力，构成翅膀的后缘，提供绝大部分提升力。我根据这根羽毛的大小做出了上述判断，不仅如此，从其斜向纹理看，我还知道它来自鸟的左翼。


现在䴙鹬已经把我的帐篷包围了，它们正用长喙探查着什么，眼眶贴着污泥。有时它们会把头完全扎进水中，入水前最后一刻才会闭上眼睛。现在，它们有了一点别致之处：白色的眼睑依然非常漂亮，没有沾染上泥巴，颇有"出淤泥而不染"的味道。我注视着一只䴙鹬流畅地完成了一套捉蠕虫动作：插，抓，拉，暂停，再插，调整抓虫动作……最后一拉。一条蠕虫出水了，也就3秒钟的工夫。䴙鹬继续前进，它们需要很多蠕虫充饥。

我头顶上方传来轻柔的敲击声：雨滴落在了帆布上。我的隐蔽帐篷是最好的挡雨工具，比营地还要好，让我好生得意。其实，它就是一顶普通帐篷配上了一扇观察窗。透过这扇窗，我看到了太多令人难忘的风景，还常常会在窗边的帆布上写下自己拍摄过的地方和动物。在淅淅沥沥的冬雨中，我把"鄱阳湖的䴙鹬"补充进去。雨水打在鸟背上溅起银珠，又如水银一般滚落。

也有雨滴落在这根白鹤的羽毛上，形成一个迷你透镜放大了局部细节：平行分布的羽枝，其上有更细的羽小枝交织成羽小钩。我顺着纹理的方向拉伸羽毛，并缠绕在手指上，发出类似拉上拉链的声音，直到一声脆响，手指与羽尖分离，羽毛迅速复原，水滴踪影皆无，指尖可以感到羽毛光滑如初。我想象过无数次白鹤做这件简单而令人惊叹的事情：整理羽毛——用喙修复自己。

羽毛最终会脱落。这根羽毛的末端也有破损，暗示着军能捡到它并非因为白鹤死了：一旦帮助主人从西伯利亚飞抵这里，它的使命就宣告结束，冬季换毛是白鹤有意而为之。虽然鄱阳湖是全世界最好的白鹤越冬地，但除了这根羽毛，我们不太可能见到白鹤的真容了。鄱阳湖太大了，只要它们愿意，它们就能轻松避开人类。

我的手机响了：艾可发来一条短信。她正在帐篷里和那些人打扑克。不管怎样，这些人的脾气还不是太坏。雨下得越来越急，我在拍摄鹬觅食的场面，它们像缝纫机机头一样捣着烂泥。雨水噼里啪啦地落到帆布上，又顺着帐篷的内壁倾泻而下，浇湿了装在袋子里的双筒望远镜。随着小雨变成瓢泼大雨，鸟群沉寂下来，在风雨中蜷缩身体，雨水顺着鸟喙流淌，在鸟喙末端汇成道道水线。一只苍鹭在鸟群中穿梭走动，高耸的身体就像在雨中移动的灰色摩天大楼。

雨渐渐变小，鹬群又叽叽喳喳热闹起来，它们纷纷整理自己的羽毛，仿佛刚刚沐浴过——也确实如此。用如此细长的喙整理羽毛委实有些难为它们。它们同样修长的脖子意味着它们只能触及胸部的羽毛，若要给脑袋搔痒，需要很高超的技巧，它们首先得用一条腿保持平衡，之后另一条腿要抬高并超过同侧翅膀的高度才可以完成动作。试想一下，如果一只鹬失去平衡摔倒在泥汤里，那样狼狈的场面多令人尴尬呀！理毕羽毛，每只鹬都像直升机一样做一次简短飞行，借机吹干自己的翅膀，舒展尾翼，把烂泥从脚上甩下来。

虽然今天我们的计划未能如愿，但在某种意义上，我们又无比幸运，我们拍到了漂亮的雨中即景和不在拍摄计划之中的鸟类，基于这种原因，我真要感谢毫无猜疑之心的鹬，感谢我的帐篷，甚至还要感谢那位醉酒的船夫。

据电视新闻报道，最近有几只白鹤被射杀，保护区的部分区域不再对外开放。然而，周叔的态度很坚决，没有看到白鹤，我们不应该离开。在最后一天，他网开一面，在黎明之前开车把我们送到那里，却没有告诉负责巡逻这片封闭区域的警卫。我们通过警卫室的时候，有灯光从窗户里照出来。

汽车一路颠簸。驶离公路后，我们在黑暗中不断被颠离座位。警卫的探照灯光在寻找我们的踪影，却一无所获。后来得知，他们以为我们是偷猎者，甚至厨师都操起一把菜刀加入搜索我们的队伍。

晨光熹微，周叔示意我可以悄悄潜行到湖边。我蹲在那里，高高的芦苇成为我天然的伪装。我等待白鹤的到来。终于，它们飞来了：三三两两，都是很小的家庭群落。它们的翅膀很长，末梢竟然是黑色的，白色的初级飞羽仿佛在墨水中浸过。在一片狭长水域的远岸，成对的成鸟时不时地相互拍打翅膀，在低空滑行并迅速着陆。一些白鹤抬起翅膀和尾巴，造型很像裙撑，它们聚集在一起，喙时而指天时而指地。我蜷缩在摄像机旁，而它们站得比我高，姿态也比我优雅得多。成鸟的魅力在于其身形和色彩的简单美丽：红色的斑块从喙部一直延伸到淡黄色眼睛的后部，腿是粉色的；除了收起的翅膀的末端，它们身上的羽毛和军送给我的羽毛一样洁白无瑕。少数雏鸟的长相很突兀，翅膀浅黄褐色和白色夹杂。它们叫声甜美，跟着亲鸟在湿地植物中觅食，随时准备拾起成鸟丢在眼前的"零食"。

在中国，白鹤备受尊崇，一来因为它们长寿，二来因为它们象征着好运。它们长寿的说法已经得到证实，威斯康星州的一只圈养白鹤至少活到了83岁，在70多岁的时候还做了父亲。野生鸟类若想活那么长时间，它们的好运还得翻上好多好多倍，因为在往返迁徙900万米的行程中，它们时时受到来自猎人的巨大威胁。它们的生命还依赖于沿途找到可以休息的荒地和湿地。这些至关重要的湿地已经逐渐排沥并种上庄稼。这些地方最重要的价值不在于稻米和小麦，而在于当沼泽被农田取代后永远失去的东西。20世纪40年代，美国环保主义者奥尔多·利奥波德在其经典著作《沙乡年鉴》中写道：

> 这些沼泽的最终价值是荒野，而白鹤则是荒野的化身。

> 我们领会自然特性的本领与对艺术的观察能力一样，是从美丽的东西开始的。这种特性日臻完美，发展到难以用语言捕捉其真义的程度。我想，就这种较高的整体角度而言，鹤的特性，也正是用语言难以表达的……它们给其返回的地方以独特的意义……在某些沼泽中所出现的令人悲哀的现象，大概正是因为它一度有白鹤栖息过。[1]

周叔和我语言不通，但当我在取景器中回放早上拍摄的片段时，他的脸上露出了笑容，我知道他有和我同样的感受。他让艾可告诉我他从未以这种方式看到白鹤，她回复道，除了一根羽毛，我们根本没见到它们。

"来啊，"她说，"这是我们在这里的最后一天。"她劝周叔跟她一起爬到汽车顶上，他们站在那里开怀大笑，伸开双臂，就像鸟张开翅膀：白鹤出现了。

我们就像这样在鄱阳湖上度过了一整天，我们一起欢笑，一起观察或聆听远处的鸟，期待能拍到什么。谁也不可能精确地知道，鸟群、天气还有光线何时能完美地结合在一起，呈现出美丽的画面，而且很多时候，漫长的等待往往一无所获。这一切若是发生，我只能再次尝试，希望下次可以交到好运，但所有的等待可以归结为一点。偶尔，我们确实运气不错，那接下来，当镜头在雨中足够逼近白鹤或膳鹬的时候，中国的电视观众也许就会发现鸟类不只是美味佳肴，它们同样是神秘而美丽的。

---

1　奥尔多·利奥波德：《沙乡年鉴》，侯文蕙译，吉林人民出版社，1997。

## 白鹤的最新消息

　　白鹤数量稀少，危在旦夕，世界自然保护联盟已将之列入"极度濒危"物种的名录。保护它们的难度非常大，因为它们的迁徙路线或越冬地点可能涉及10个不同的国家，从阿富汗到乌兹别克斯坦和蒙古，再到伊朗……最后，它们都会回到俄罗斯，在西伯利亚的森林和沼泽中繁殖后代。尽管这些地区开采石油和天然气的力度在逐渐加大，但最近白鹤的关键营巢地还是得到了更多的保护。

　　在其长途迁徙的其他节点，例如当它们到达鄱阳湖国家自然保护区时，白鹤也应该是安全的，事实上它们都会到这里来越冬。遗憾的是，这座湖泊也在向周围的100万人供水，而且它位于上海的上游，其地理位置使之成为城市建筑工程取沙的便捷源头。近些年，该湖的水位创历史新低，上游的大坝截住了大量水流。自相矛盾的是，鄱阳湖的最大威胁来自通过筑坝控制泄流量以提升水面的计划，旨在改善通航能力并发电。这将淹没我们拍摄滕鹬的泥滩，并剥夺白鹤最为重要的食物来源——湿地植物的块茎，它们只生长在浅水区。

斯瓦尔巴群岛东部

白岛

东北地岛

欣洛
彭溪

斯匹次卑尔根岛

卡尔王子岛

巴伦支岛

朗伊尔城

埃季岛

奥尔加海峡

斯图尔峡湾

羊月岛

红孙岛

"哈弗塞尔"号航行线路 ●●●●●●●

比例尺（千米）

0  20  40  60  80  100  120  140  160

格陵
兰岛

斯瓦尔巴群岛

北极圈

冰岛

6

一头熊的耐心

"这么说，你是一位野生动物摄影师了？你一定很有耐心。"

每个人都这么说，拍摄北极熊捕猎是检验这是否属实的好办法。"哈弗塞尔号"正在朝远北某些最大的鸟崖缓缓前进。此时此刻，站在"哈弗塞尔号"的甲板上，我想检验自己的机会也许来了。到目前为止，我们什么都没有看到。冷风从附近的冰面上吹过来。空气中弥漫着类似燧石取火时产生的气味，那是浓雾的产物，百米之外只能看到白茫茫一片。这片近海的海图显示，这里的大片地区还不曾被测绘。比约内像自己的挪威先人（要知道，他们就是跟着飞行的海鸟发现冰岛和格陵兰岛的）那样凭自己的感觉驶向那块陆地。成群的海雀突破浓雾，黑压压的翅膀从我们面前一闪而过，旋即消失无踪。

"正常人不到这儿来。"比约内说。

阴郁、幽暗、巨大的鸟崖突然出现在眼前，我们的船差点儿撞上它。

一阵嘈杂的声音从崖上传来，像拍击海岸的激浪，淹没了轮船发动机的噪声，这是上百万只厚嘴崖海鸦发出的磅礴之音。它们朝着筑巢岩脊向上疾飞，黑色的后背和白色的腹部隐没在雾气之中。当然，我们还可以闻到它们。臭鱼烂虾味和氨味混合在一起形成的浓烈气味，让比约内悬挂在船头栏杆上风干的鳕鱼都没那么诱人了。鳕鱼干和轮船的索具上都结上了冰柱，留有鸟的菱形脚印的浮冰挤压着船侧。他说，此处的海水太深，无法下锚，我们必须在一个更为安全的地方等着浓雾散去。这张近海海图上只有很少的标记，其中一处是用铅笔画的一个很浅的十字。我问比约内，这是否代表一处锚地。

"不是，"他说，"这是今年 5 月份一位朋友遇难的地方，他的机动雪橇掉进了冰窟窿里。"斯泰纳尔本是一个耐不住寂寞的人，时不时地会蹦出几句玩笑话，然而这次我们航行到下一个峡湾并下锚之前，他一直很安静。几个小时之后，工程师冲他嚷道："快醒醒，快醒醒！雾散啦！"

浮冰也已漂远，现在海面上落满了海雀。在栖息地壮观的岩墙前，它们或是嬉戏或是潜入水中捕鱼。眼前的景致完全符合好莱坞布景设计师对鸟崖的想象，鸟崖就该是这个样子：哥特式支墩、塔台和完美的平岩。斯泰纳尔说，他曾看到一头熊爬到悬崖的高处寻找鸟蛋，四肢张开，就像笨拙的人类登山者。几个小时之后，他在回程途中发现熊已经摔下悬崖，脸朝下漂在海面上。

除了熊在雪地上留下的足迹，我们今天没有见到熊的身影。于是，我们就把水下摄像机固定在一根杆子上，开始拍摄这些鸟。它们聚集在船的周围，离得那么近，我们可以看到它们淡褐色的虹膜和针孔般的瞳仁。从水下看，它们的腹部好似银碗，双脚划得飞快。它们盯上了镜头，接着在水面之下做了一个垂直翻滚动作，裹挟的空气就像第二层银装。海雀可以下潜 200 米，但由于它们浮力很强，转瞬之间又能浮出水面，在身后留下一串串气泡。抬头看，空中也布满飞鸟，翻飞的海雀就像被困在光柱中的粒粒尘埃。此时此刻，我们必须闭上嘴，否则就等着"品尝"它们毛毛细雨般的排泄物吧。悬崖面向北方，只有午夜的阳光可以照到它，为了充分利用如此珍贵的时间，我们改到晚上拍摄；白天，船员留在船上，制作异常丰盛的早餐，比如炖汤和水果布丁。有一天，斯泰纳尔、马特奥和我带着摄影器材爬到悬崖半程，竭力靠近那些海鸟。身着红白两色保暖救生衣，我们几乎可以自封"世界上最不会伪装的野生动物摄影师"。不过，一道裂谷将我们与拥挤不堪的海雀群分隔开来，所以它们似乎对我们的到来漠不关心。远眺下方，层层涟漪就像巨大的指纹在水面铺展开来。水面反射着阳光，我们第一次有了暖烘烘的感觉。

海鸟栖息地令人着迷，我们很快沉浸于纷繁难懂的鸟类世界中：一对海雀眼睛微闭，温柔地相互整理对方脖子上的羽毛。它们偶尔也起争执，让我们有机会瞥见蓝色的鸟蛋。鸟群那边传来的嗡嗡声不绝于耳，可以想见这北极的夏季是多么生机勃勃：太阳永不落山，海里全是鱼群。

午夜阳光不仅温暖我们的身心，也在消融悬崖上的积雪。伴着一声如枪声般的脆响，整块积雪断裂开来，雪崩暴发。我打开摄像机，我们跌跌撞撞地躲避。大如足球的雪块击中我们的后背，但绝大多数雪块都快速滚落坠入裂谷。摄像机也捕捉到了惊魂一刻：一团飞雪击中了三脚架，三脚架的一条腿晃晃悠悠地翘了起来，幸好最后又回位了。如果整个三脚架倾倒，摄像机肯定会落入海中。我们事先对雪崩毫无察觉，事后想起只有后怕：假如滚落的雪块稍多一点儿或者滚落的路径稍稍偏离一些，我们三个人应该已经和摄像机一起掉到悬崖下了。类似这样的危险，我们在拍摄北极熊时也遇到过——最最危险的是遭遇没有任何防备的偷袭。

雪崩的刺激之后，悬崖上的生活又恢复了正常。北极狐是我们见到的唯一的哺乳动物，它们正在搜寻遗落的鸟蛋和死掉的海雀。经过几个晚上的观察，我们才发现，北极熊夏日玩命觅食的过程再次与我们擦肩而过，这也让非常希望拍摄到这一场景的迈尔斯扼腕叹息。


整晚拍摄增加了计划难度，因为比约内只有白天才清醒，我们每个人对"明天"的定义都不尽相同。马特奥、特德和我差不多失去了时间的概念，以至于我们对工作日的海冰情况预测是这样的："虽然周六在北面见到的浮冰依然存在，有可能延续到周一甚至周二以后，但今天是周日，我们有一个极好的机会。"

马特奥是在家里的路虎车上长大的。他的父母开车游遍非洲和亚洲，他的父亲用画笔记录各地的风土人情。特德也是一位艺术家，后来又在伦敦当了一名新闻摄影师。他拍摄的内容五花八门，有帕瓦罗蒂在海德公园引吭高歌，也有对骚乱和诈骗罪案庭审的现场报道。特德为人温文尔雅，采访过程中的各种冷遇让他疲惫不堪，于是他转而投身野生动物摄影。我们闲聊时，他讲了很多不可思议的故事："我在巴基斯坦的一条大街上走得好好的，'扑通'一声就掉进了下水道。"要么就是："我给你讲过我在拍摄狮子时被老鼠咬伤的故事吗？"

与此同时，"哈弗塞尔号"正沿着一块与拉普兰面积相仿的冰盖的边缘向北前进。冰盖绵延180千米，随处可见融化的雪水在冰缘线上形成的数百条瀑布。其中一些称得上宽阔的河流，从汽车大小的冰洞中涌出，但绝大部分只是小瀑布。我们在悬崖下方巡航，午夜阳光将倾泻而下的水流镀上了一层金黄，并将自己的身影投射到纯白的冰幕上。悬崖脚下，斯泰纳尔见到了一头正在游泳的熊。特德和其他人登上"伯斯特号"小艇，花了半个小时跟踪它，而我依然在"哈弗塞尔号"的甲板上拍摄悬崖和瀑布。增稳镜头拍摄的画面显示，熊每次呼气都会喷出微弱的水雾。镜头似乎一直贴着它拍摄，特德慢慢将镜头拉远，在熊的身后，融化的雪水从冰盖上奔流而下，好一幅北极夏日的震撼场面，这正是迈尔斯梦寐以求的。

后来，这头熊爬上了一座倾斜的冰山，试图抓住光滑的表面，但笨拙地摔倒了。它最好还是待在原地不动。它闭上眼睛，浑身打战。北极熊身上有厚厚的脂肪，通常保暖能力绝佳，在几分钟就能置人于死地的冰水中，它可以舒舒服服地待上好多天，然而这头熊看上去很畏寒而且很疲惫。我们不清楚它已经游了多长时间，但这处冰崖很陡峭而最近的浮冰群也在很远的海面上。特德拍摄到的图像也表明，当北极的冰成为稀罕物的时候，想在这里生活绝非易事，北极熊这类生存能力强大的动物也难逃考验。

　　比约内又注满了"哈弗塞尔号"的淡水舱，我们暂时不用每周只洗一次澡了，因此当我们在甲板上等待日食时，每个人身上都散发出清新宜人的味道。这是 8 月的第一天，也是我们来到北极之后经历的唯一一次黑暗。我们想知道日食期间北极熊是否会在黑暗中躺下来——家养动物有时会这样。迈尔斯给大家分发黑玻璃，这样我们便可以直接观察太阳。经过这么多次夜间搜寻，作为制片人的迈尔斯可能也在怀疑，他的摄影师是否也会禁不住诱惑在黑暗中躺下。太阳渐渐被剃成新月状，但它的光芒并未收敛多少，也就跟一片云彩掠过差不多。视野中并没有出现熊，当然也就看不到它们睡觉或其他场面。好几只管鼻鹱一直围着船漫不经心地上下翻飞，也没见哪位摄影师打盹儿。

　　我们继续航行，海面上没有一丝风。地平线上出现了一块从未见过的陆地：一座原本因地球曲面看不见的岛屿逐渐露出头来。它的雪区伸展成白色的烟囱，岛上的丘陵仿佛经过修剪一般，形似运茶船。一座冰川变成了一个沙漏，腰部收缩，它的上部就像悬在海面上一样自由漂浮。斯匹次卑尔根岛长出了孤峰和台地，足以媲美科罗拉多高原上的纪念碑谷地，远处的浮冰群模模糊糊，形如一座粉刷成白色的城市，又从中生出高楼大厦，而大海在它们的脚下筑起一圈黑墙。这是海市蜃楼，成因是不同高度的空气温度不同。向极点奋力前进的探险家们最终发现，仙岛会融化消失，也会在其他地方重新出现，就像北极熊所处的冰水交融的世界。

　　入夜，海面明净如镜，我们放下两条小艇，斯泰纳尔、马特奥和我出发寻找北极熊，而特德继续拍摄冰山。他发现一座长条状的冰山，蓝白相间，活像一粒水果硬糖。而其他冰山大多四脚朝天，把肮脏的阴暗面呈现在我们面前，镶嵌着冰川入海过程中裹挟的石块。随着冰山融化，它们都会落入海中，淹没在海底。冰山漂流过的地方大多会发现这样的落石，在最近一次冰川时代的鼎盛时期，南至今天的葡萄牙都能找到落石。最古老的冰山成了叮当作响的玻璃浮雕，我们留下特德，让他在其中一处浮雕流连：浮在水面之上的部分由三个抽象的造型组成，很像人类裸体躯干的雕像。他将之称作他的亨利·摩尔式作品[1]。

　　此处海岸有如斑点狗的花纹，没有一片叶子破坏它的干净简洁。海象在浅水处扎进水中，水花四溅。它们正忙着捕食，跃入水中的一刹那会猛地倾斜背部。暴风鹱在海象周围划水，时不时把头浸入水中觅食，我们经过时，它们就轻快地振翅飞入天空，还会在滑翔时亲吻自己的倒影。一头北极熊在水边踱步，它注意到了我们但依然在不慌不忙地做自己的事。太阳就在它的身后，投下一束耀眼的光线，熊的头部和侧面轮廓与漆黑的悬崖形成强烈的反差。它决定爬山了，手脚并用，后背弓起，仿佛不费吹灰之力：这头白熊像是从黑色的岩壁上雕凿而出的。条条光带朝着它滚动，就像悬崖内部有肌肉在运动。它躺下来看我们将要做什么，而漂泊在海上的我们也想知道它的打算。

　　我在船上侧向远眺，海面正在凝固，还有银色的东西在闪烁，像蕨类植物或鸵鸟羽毛一样精致繁复。大自然的基本法则在北极有着更淋漓尽致的体现，晶体被不断地制造或重新制造出来，但永远不会有完全相同的形状。冰凌花被小艇碰碎，沉下水去，旋转着融入黑暗中。

　　北极熊能比其他动物更轻松地突破液体和固体的界线，它们在浮冰间游动，正凝结成冰的水在它们的耳边爆裂。群体生活让狼与众不同，独行侠的生活让猫行踪诡秘，而北极熊则是那种觅食时最不屈不挠的动物。这里造就了它们，从某种意义上说，它们成为这样也是必然结果。它们是北极苦行的化身，生命力令人惊叹的迸发背后是漫漫严寒中的坚忍。我们只有了解创造它们的这个地方，才能了解这些北极熊。

---

1　亨利·摩尔（Henry Moore，1898—1986），英国雕塑家，以大型铸铜雕塑和大理石雕塑闻名。

太阳又升高了。我们整晚都在外面蹲守，北极熊仍在观察我们，但它选择了一个难以接近的地点。斯泰纳尔没有了尝试的热情，他稍后会给出解释。

在返回大船的途中，一群北极燕鸥从一座名为"克里亚"的岛上腾空而起。它们之上有两点亮光：一对热恋中的鸟儿，相互追逐，盘旋着上升。船侧的海水如打磨过的石材一般平滑，我在黑暗中唯一能看到的就是那对闪亮的燕鸥。

比约内倚在"哈弗塞尔号"的栏杆上迎接我们："如果每个夜晚都能像今晚这般美妙，你也能长命百岁。"

斯泰纳尔说，作为探险队队长，多年来他一直带领游客乘船环游斯瓦尔巴群岛，借助充气橡皮艇在偏僻的海岸登陆。有一次，他带领的一个旅游团突然遭到一头北极熊的攻击。情势与今天非常相像——熊在人群的上方，而人群被困在海岸和悬崖之间。斯泰纳尔发射了12枚信号弹，但那头熊无动于衷，继续往前冲，斯泰纳尔在熊离自己只有4米的时候将之射杀。

像众多生活在斯瓦尔巴群岛的北极熊一样，那头北极熊在若干年前曾被生物学家用麻醉枪捕获。他们对熊做了研究，记录显示，这头熊当时27岁。人们发现，它死的时候大多数牙齿都已脱落，而且体重只剩下一半：它在挨饿。警察调取了其中一位游客拍摄的录像，并告诉斯泰纳尔，他们还从未如此清晰地见过为了保护人类的生命而不得不射杀一头熊的情形。但斯泰纳尔依然对此感到苦恼："我希望永远都不会有第二次。"

在浮冰群的边缘，我们看到两只海象在浮冰上休息。比约内说他有一次和一个人聊天，那个人在20世纪30年代来过这里，当时捕猎海象是合法的。在某些年份，只有半数的猎人在捕猎季中活了下来。受到惊吓的海象成群结队地攻击他们的小船，将猎人撞到海里，并拖着他们在海里游。这样的故事听着有些荒诞不经，因为它们毕竟只是大号海豹，但我们把他的话记在心里，并乘坐"伯斯特号"小艇慢慢靠近它们。随着我们的靠近，它们的个头越来越清晰。它们大约3米长，土褐色，表皮褶皱，面对面地躺着。为了取暖，它们后部的鳍肢会缠绕在一起，显然这比卫生更重要。它们身上的气味会令闻者流泪，就像鱼市上堵塞的下水道，让人喘不过气来。马特奥开玩笑说："它们繁殖后代的愿望一定非常强烈。"

每只海象都有两颗獠牙，就像弯曲的匕首，颜色与阳光下晒脱色的木料相仿。有一只海象把獠牙的尖端搭在冰面上托着自己的头小憩。它们的胡须像晾衣架一般粗细但并不锋利，可以用来寻找甲壳类动物，海象会吸食壳内的鲜肉。比约内告诉我们，某些雄海象能借助强大的吸力杀死较大的猎物，有时甚至是海豹，它们可以把海豹的大脑直接从头颅中抽出来。

一天晚上，我们在一艘游艇附近下了锚。游艇很少会深入如此靠北的地方探险。当艇长把乘客摆渡到岸上的时候，斯泰纳尔对这艘游艇做了一番研究。一只母海象和它的小海象在附近游荡，像小型鲸一样喷出水柱。小海象对游艇的充气橡皮艇很感兴趣，而当母海象开始情绪激动的时候，斯泰纳尔通过无线电台呼叫艇长。艇长在母海象把怒气发泄到橡皮艇之前，迅速把它吊离水面，但母海象转而攻击艇舵，接着扯掉了一块塑料材质的护舷板，用獠牙反复将其刺穿。

艇长给斯泰纳尔回电："你挽救了我们的橡皮艇，我欠你一杯啤酒……"但海象已经毁掉了护舷板，而且它的半截身体跃出了水面，它蹿向悬在半空的橡皮艇，在侧面划出一个大洞。艇长还算冷静，在电话中说形势发生了变化。他先前的小艇被熊刺穿了。

与此同时，我们自己的装备也出了问题。我的摄像机使用录像带，但特德和马特奥的拍摄素材是保留在存储卡上的，而且为了妥善保管，数据已经被下载到一块硬盘上。硬盘自动做了两次拷贝，但不知何故，其中一份拷贝已被破坏。现在有一个问题：这块硬盘有可能用错误的拷贝替代唯一保留下来的正确拷贝。特德和马特奥只好在"哈弗塞尔号"的船舱里待了几个小时，一边研究操作手册，一边对拷贝进行微调，而轮船一直在随波起伏，摇摇晃晃。

"就像在过山车上工作一样，"特德说，"或许硬盘只是晕船了。"

他做出若无其事的样子，但那份独一无二的北极熊游泳的素材若真的丢失了，他肯定会悲痛万分。我们对技术给予充分的信任，就如同当年安德烈把希望都寄托在热气球上一样。

我还从未见过像浮冰群这样的自然景观。浮冰相互交叠，挤压力让其中一些浮冰破碎并让其他浮冰隆起，形成闪闪发亮的尖顶。在阳光的直射下，冰面呈白色，但若有云彩相隔，则几乎呈现淡紫色，同时还有蓝色的冰山如同峰峦叠嶂嵌入其中。它们仿佛一条传送带将众多北极熊带到斯瓦尔巴群岛，但由于冰面复杂，找到它们绝非易事。有 70% 海域被冰覆盖，比约内站在瞭望台上引领自己的船穿行其中。船的行进速度很快，并不时撞上浮冰。船头抬起，将整船的重量压在冰面上。冰面破裂，现出缝隙，"哈弗塞尔号"船体倾斜，沿着冰间航道朝无冰水域继续前进。有时浮冰看起来年代久远也比较坚硬，这时轮船会发出响亮的声响并突然发生倾斜，将红漆留在咯吱作响的碎石堆上，并随之出现 20° 的扭转。

我们轮流坐在舵手舱的顶板上搜索北极熊。我把手肘支在围栏上，几小时里，船朝哪个方向开，我的双筒望远镜就朝向哪里。这是一种让人精神恍惚的搜索，无论是在茫茫浮冰中辨认出北极熊奶油色毛皮，还是把北极熊肌肉的运动和风或船引发的运动区分开，都十分困难。我们的头脑里需要对北极熊的外形有清晰的认识，这是最基本的要求：它们刚刚从海水中爬到冰面上时，身体非常光滑，毛皮呈灰色；当它们像狗一样伸展四肢躺倒时，它们的躯体呈小丘状，我相信这些都是古老的技能，人类出现时就存在了。

这些技能适时地起作用了，但我们发现的第一头熊离我们有几千米远，而且当"哈弗塞尔号"吃力地靠近时，它正在朝相反方向运动。我们还发现了另外几头，但它们都离开了。当我们终于非常接近其中一头熊，并把"伯斯特号"放下水时，那只熊溜进水里消失了。我们经过一只髯海豹的尸体，冰面上只留下一堆骸骨和一些条痕，不过熊已经不见了。经过几个小时的折腾，我们才摸出了门道，要想找到它们其实很容易，待在原地不动就行。过了不到两个小时，一头大公熊进入了我们的视线。

在因纽特人的语汇中，有一个单词"ilira"，用来形容你在观察一头北极熊时，伴随敬畏而来的那种恐惧。这头熊已经非常靠近了，而"哈弗塞尔号"被浮冰所包围，所以当它用后腿站立时，它的头部几乎与我的脚尖持平。它似乎正在想办法爬到船上来。我在船头拍摄这头熊的时候，它盯着镜头看，整个取景框中只剩下它的眼睛。其他人在另一侧船舷放下"伯斯特号"。他们这些天来麻利了很多，当北极熊回到水中的时候，他们已经做好拍摄它游泳的准备，它浸入水中的毛皮打起旋涡，就像黑咖啡中的奶油。它又爬上了另一块浮冰，它的肩膀很有劲，很像一位举重运动员，它的前腿绷直，像打桩一样探入冰下一只海豹的分娩窝。窝是空的，它转身朝我们的小艇游过来。

迈尔斯本来希望用绑在杆上的水下摄像机拍摄它，但这头熊太大了而且也非常自信，现在看起来，4米长的绑杆实在太短了。"伯斯特号"迅速避开它，我们又切换回增稳摄像机。小艇跟在这头熊后面拍摄它搜索浮冰的过程。它钻到一些浮冰下面，伸长脖子观察其他浮冰。从舵手舱的顶板上，我看到远处还有三头熊：一头母熊和它的两头小熊。公熊没有找到海豹，便迅速甩掉小艇游走了。我通过电台把新情况汇报给迈尔斯，迈尔斯决定跟踪拍摄这个北极熊家庭。当我们的小艇转向时，母熊也在带着小熊往这边运动。母熊在浮冰间大步跳跃，小熊起初显得有些犹豫，但还是蹦蹦跳跳地通过一座浮冰桥，"桥"在它们的重压下摇晃不止。母熊滑入水中，穿过一个较大的冰隙，小熊也模仿它的动作紧紧跟随，四肢张开，溅起很大的水花，接着在积雪中打滚把身体弄干。为了查看妈妈的行踪，其中一头小熊立起后腿，前爪交叉，全神贯注地四下观望。从舵手舱的顶板上，我看到贾森正试图让母熊和小艇保持一定的间隙。他们刚被浮冰阻挡，母熊又突然靠得很近。"伯斯特号"小艇猛地向前一冲，摆脱了母熊。

"这是今年见过的最棒的北极熊。"贾森在电台中说。当他们都回到大船甲板上时，整个团队都很兴奋。迈尔斯说，他和特德太专注于从监视器中观察北极熊一家了，都忘了自己身处何处，甚至摄像机对着哪个方向都搞不清了。只是当他要求特德不要仅仅拍摄熊的头部而是扩大背景时，他们才发现镜头已经缩到极限了。北极熊一家就在他们身后一块浮冰的边缘处，距离他们只有几米了。很显然，母熊希望爬到小艇上来，不过贾森还是很机敏地把小艇驶开了。

在舵手舱内，特德播放了这段录像。影片中的两只小家伙决意跟定它们的妈妈，极其令人动容。迈尔斯把宝押在了增稳摄像机上，最终的结果也让我们颇为满意，尽管我们依然没有拍到北极熊在冰面或海岸上捕食的过程。如果我们在这里能够找到海豹和一头正在捕食的北极熊，我们可以再次尝试拍摄，但现在风越来越大了。比约内有些担忧地说："浮冰群正在闭合，我讨厌这种情况。我们决不能被困在浮冰群和悬崖之间。"

和大家一样，在过去的两天里，比约内也只睡了两个小时，但风力加强意味着他必须马上驾驶"哈弗塞尔号"转移。在"哈弗塞尔号"奋力驶离背风岸的过程中，我们一面借助桌子和墙壁稳住自己，一面观看特德拍摄的其他素材。大船颠簸得非常剧烈，竟让消防警铃兀自响了起来。

贾森建议我们驶往位于斯瓦尔巴群岛东北端的白岛。他说海象有时会在那里产崽，它们的幼崽可能会吸引到北极熊，但今年的冰层太厚，尚无人去过那里。

两天后，当我们到达白岛时，甲板上落了一层新雪，而小岛几乎被一座冰盖覆盖，只有少数几个地方可供我们放下一艘小艇。它们是小片的岩石和沙砾，如火星一般寒冷贫瘠。今年在冰封的海岸上既没有海象，也没有北极熊。一行北极狐的足印是唯一的生命迹象。

在他们的气球失踪了 33 年后，所罗门·奥古斯特·安德烈以及他伙伴的遗体就是在这片荒无人烟的地方被发现的。在那之前，没有人沿着他们计划的飞行路线寻找他们。安德烈的日记和斯特林堡的摄影机也被找到。酷寒让胶片被完整地保存下来，而且依然保留着探险最后时刻的影像。影片显示"老鹰号"及其吊篮已经倒扣过来，遍地都是绳索。安德烈的日记告诉我们，在两天的时间里他们被吹得到处跑，反复飘过他们已经走过的路径，而氢气正在通过热气球上数不清的针脚逃逸，气球上的冰雪越积越多，气球最终因不堪重负而降落到冰海上。之前为了竭力维持飞行，他们抛弃了大部分食物，但 3 个人拉着所有的剩余物资从失事处向南进发，几乎走了 3 个月的时间，并以射杀海豹和北极熊为食。他们通过一家报社提供的信鸽传递信息。只有一只信鸽被发现，也没有起到什么作用，因为它是在热气球坠毁前被放飞的。白岛固然是一个不友好的避难所，但他们也到了山穷水尽的地步。到 1897 年10 月，3 个人全部死亡。有人可能是被北极熊杀死的，如果不是直接因北极熊而死，也是因为吃北极熊的生肉，感染了北极熊身上的寄生虫而死亡的。

我们现在所在的位置，刚刚越过北纬 80° 线，很容易推算出距离极点还有多远。1 纬度等于 60 弧分，相当于 60 海里，1 海里大约是 1.8 千米，因此我们距离北极点仅仅 1 000 千米多一点儿。这也是到目前为止我到过的最北端。

安德烈的日记显示，"老鹰号"坠毁于北纬 83°，距离他的目的地还有

750 千米。他乘坐热气球前往北极的想法并不完全是空想。到他的遗体被发现的时候，"诺加号"飞艇已经从斯瓦尔巴群岛出发并到达了那里。

我们释然地离开白岛，返回"哈弗塞尔号"并向南行驶，在流冰的簇拥下沿着斯匹次卑尔根岛东侧旅行。

马特奥有个坏消息——另一块硬盘已经崩溃了，但至少这次我们知道了原因。"哈弗塞尔号"自己发电，并为各种用电设备供电，诸如雷达和洗衣机。每当船上的大功率设备启动时，比如说吊车或者冰箱的压缩机，供电就不稳定了。一台洗衣机的电机可以在恶劣的情况下工作，但硬盘娇贵，供电稍有波动，便有可能毁坏硬盘中的数据。非常讽刺的是，就在这样一个站在甲板上都会觉得寒冷刺骨的地方，我们还在冒着毁掉拍摄素材的危险使用冰箱。至少现在我们知道了什么时候不要使用硬盘，事实上，我们非常幸运，因为另一份拍摄素材的拷贝完好无损。

然而，北极熊已经不太容易找得到了。海冰渐渐被甩在了身后，我们一直没有任何斩获，不过当我们在一座名为"半月岛"的小岛登陆时，却惊喜地看到海滩上正躺着北极熊一家：两头小熊正偎依在母熊身上休息。其中一头小熊的口鼻扎在母熊肋部和后腿之间的皱褶处。它们无拘无束，自在非常，当然也没有别人胆敢上前打扰它们。时不时地，母熊会翻个身，头部抬起，示意两只熊过来吃奶，它温柔地将爪子绕在小熊的肩膀上。它自己什么都没吃，因为岛上似乎也没有食物：多数鸟类已经离开或者结束筑巢，没有冰，它无法捕猎海豹，而且海滩上也没有还能供它扫荡的食物。它昏昏欲睡，但依然非常警惕，因此我们也无法靠近它，于是"哈弗塞尔号"把斯泰纳尔、马特奥和我留在岛上，而其他人则到内陆考察。我们一边盯着北极熊一家的动向，一边四处走走。

到处都是尸骨。很多年以前，这座小岛上的木屋就被猎人占用了，他们在这里杀熊剥皮。一只木箱横卧在门边，从中还能看出他们当时是如何设置机关的。这里曾经装了一支步枪，扳机上还系着一块肉。猎人们像这样贴着箱子竖起高高的杆子，他们知道路过的北极熊一定会好奇。如果它们被吸引到岛上来，闻到了肉味，就会把头探进箱子里咬诱饵。步枪的子弹应该能射中北极熊的额头，但有时也只是打残它。很多情况下都是母熊带着小熊过来的，猎人会留下小熊的性命，到年末的时候，把它们卖给动物园。有一个捕猎季，3 个猎人在半月岛杀死了 150 多头北极熊。自从 40 年前禁猎之后，这套触发装置便再也没有被触碰过，也正是从那时起，我们使用化石燃料的行为开始融化北极熊的家园。

一些人预测，到 2050 年，北极的冬天将很少见到冰，而整个夏天则会完全见不到冰。还有一些人说，由于北极的冰正在呈指数级加速融化，上述情况可能在今后几年就会发生。斯瓦尔巴群岛的北极熊会受何影响仍有待观察。一些北极熊为了勉强度过食物匮乏的季节，会在陆地上找到足够多的食物，但这当中有很多北极熊会挨不过冬天，它们身体太单薄无法保暖，而且缺乏捕猎的耐力。它们的种群数量很可能慢慢萎缩直到剩下的相互之间很难遇到，更遑论进行交配。正如我们已经发现的，某些夏季比其他年份要凉爽些，因此在野外正滑向灭绝边缘的北极熊可能尚有一线生机。我们谁都见不到最后一只北极熊的死亡，但当它们消失的时候，我们肯定都会想念这些鼓舞人心的动物。

国际旅行给正快速变暖的大气带来了大量的二氧化碳，"哈弗塞尔号"就是一个例子。为了拍摄北极熊和它们正在融化的家园，我们到各地旅行，这是我一直试图解决的两难困境。我希望，也相信我们拍摄的影片是利大于弊的，否则我也不会参与进来。

"哈弗塞尔号"回来接我们的时候，也带来了一个消息，他们发现两头公熊正在吃一头瘦骨嶙峋的母熊的遗骸。或许岛上的这头母熊保持低姿态是聪明的做法。我们留给它一份安宁，希望它安全地照顾好它的小熊，虽然几十年前这里是北极熊的梦魇之地。

迈尔斯和贾森认为，拍摄北极熊捕猎的最后一次机会是到斯瓦尔巴群岛的西海岸，探访辽阔的海鸟栖息地。于是，"哈弗塞尔号"再度起航。

在黄石公园时，我曾经等待两三个小时希望太阳能够照亮高吹雪[1]。有一位公园管理员陪着我，防止我不慎踏入任何温泉。太阳终于露脸了，给了我足够的时间拍摄一组镜头。阳光持续了 20 秒钟。管理员说："你的耐心太了不起了。"

如果你从事过野生动物摄影，会很清楚在等待方面需要花相当长的时间，而且计划变来变去的情况也很常见，但保持耐心却并非易事，尤其是当你突然想到外面的世界正在发生的事情时。昨天晚上，"哈弗塞尔号"收到了一条来自我家的消息。此时正值学校放假，我的小儿子在村子里的影展上获了奖。妻子在信中写道，"他非常自豪"，而我想到了和罗恩坐在一起时的情形，我们的头凑在一起，仔细观察一些由高秆草构成的光与影的图案，以便帮他选出一张最好的照片送展。当他听到获奖的消息时，我本该在他身边与他分享这一切。当然，在夏季里拍摄北极熊意味着几个月不能回家，像探索斯瓦尔巴群岛这样旅行一直充满魅力，但如果拍摄顺利的话，我们可能会更有耐心。

当我们在红孙岛下锚的时候，我们知道这将是今年拍摄北极熊捕猎的最后机会。

这座峡湾被形似烙铁且挺拔的山峰包围：黝黑突兀的岩石与白色条痕形成犬牙交错之势。一只雪鹀轻盈地掠过白皑皑的荒坡，仿佛风景画中的一笔

---

1　气象名词，指由强风将地面积雪卷起，使水平能见度小于 10 千米的天气现象。

涂抹。在冰川与海洋交汇的地方漂浮着形态各异的冰块：一些呈现灰白色，另一些则如玻璃一般纯净或是深邃的蓝色，有着类似柠檬外皮的纹理。在起伏的波浪中，这些冰块彼此碰撞，叮当作响。再往上便是一处巨大的鸟崖，位于半山腰，被海水侵蚀得非常陡峭，周围的天空中密布着白色的亮点，就像从樱花树上飘落的缤纷花瓣。它们是三趾鸥，都在叽叽喳喳地鸣叫。我们装好摄影包，将小艇放下，准备考察这处悬崖。沿着海滩行至半程，斯泰纳尔扭头看了一眼，大喊道："有一头熊！"

它躺在海岸上方的一片雪地上，我们刚好从它身旁走过。它抬起头，眼神焦躁地瞥了我们一眼。我能看到它的眼白。我不信任这头熊，它似乎对我们也不热心，但当刚才的肾上腺素消退之后，我们搞明白了，它其实是想睡觉，于是我们准备在它醒来之后再拍它。我蜷缩在摄像机旁，等待它在接下来的几天里有所行动：做什么都可以。

"斯瓦尔巴"的意思是"冰冷的海岸"。曾经有被困在北冰洋过冬的船员，用冰和海象皮做了一张台球桌，暂时忘记了寒冷。我搓着双手，环视四周的岩石和海草。做一张台球桌似乎超出了我的能力范围，这是检验耐心的时刻。

我喜欢等待，而且很少像今天这样有充分的理由静静地等在这里，什么都不做，只是等着一头熊醒来。但我确实需要让自己忘却寒冷，于是我慢慢陷入此地的寂静，任由这份寂静融入我的身体。我朝大海的方向侧耳聆听，听到了新的声响，微弱而遥远。那是冰层融入大海的时候发出的爆裂声和咝咝声，这种现象有一个很形象的称呼——"冰块苏打水"。这是气体重新聚集的声音，古老的气体被囚禁了几千年后逃逸出来并重新进入大气层。脚边的岩石垂直地堆积在一起，就像一摞面包片。我迈开脚步，轻柔地踩踏在岩石上。碎石间散落着很多细小的骨骼，单薄的横断面上有很多腔隙：可以想见它们来自三趾鸥的身体。我身体后仰，观察几百米上方正在盘旋的三趾鸥，它们就像纸飞机一样在悬崖附近游荡。再往上瞧，天空就像一床灰色的棉被在猛烈地抖动。其中有一些是幼鸟，第一次满怀激动地飞上广袤深邃的天空。它们现在是水平飞行，试探性地挥动幼嫩的翅膀。我想知道它们是否有感到眩晕。北极鸥也在观察它们，并渐渐逼近这些天真的幼鸟。一只年轻的三趾鸥惊声尖叫起来，但北极熊甚至连头都不抬一下。如果不仔细观察，很容易错过这些发生在上下翻飞的鸟群中常见的暴力场景。金灿灿的阳光穿透云层，洒向天空的每一个角落。

雨点打在我的外套上滴答作响，眼前的风景退隐在蒙蒙细雨中，很像我的孩子在学校里用一层层面巾纸制作的图画。我背风坐在那里守护摄像机，也在静候北极熊醒来。悬崖下方，一只狐狸灰白的身影乍现，骨瘦如柴，像岩石一样惨白，跑几步，蹲下，接着跑。它一直在移动，并嗅探地形。它必定察觉到了什么，迥异于我所观察到和聆听到的。它猛地停了下来，或许意识到了我或者北极熊的存在？它迅速离开，飞快跑上斜坡。

北极熊终于开始活动了。它站起来伸展一下后背，大大地打着哈欠，之后好像被斧头砍倒一样又倒下了，它躺在那里，头蜷缩在雪地上，耳朵里听到的肯定都是三趾鸥的鸣叫。

从峡湾里传来长长的喘息声，光滑的白色身影从浮冰间跃出又落下，它们是白鲸。一大群白鲸，正在朝冰川方向游动。灰色的幼鲸在白色母鲸两侧潜游。它们没有背鳍刮擦冰冻的海面，但当它们游泳时，它们会抬起尾叶，形成类似用象牙雕刻出的黑桃 A 的形状。属于它们的冰世界又如何呢？它们被称为北冰洋的金丝雀，我多想跳入海水中，倾听它们的呼吸和歌声。当海冰凝固，北极熊会偶遇到这些被卡在冰面逐渐收缩的孔洞中的白鲸。虽然白鲸的体重能达到北极熊的两倍，但北极熊依然有可能使出难以置信的力气拖出一头白鲸饱餐一顿。在夏天的时候，白鲸是安全的，北极熊不会注意到它们。

　　此时，我发现自己居然在打瞌睡：考虑到我正在守候的这个伙伴，这种行为很危险，不过这头熊除了扭动身子之外也没有其他动作。我看到寒风扫过它的后背，吹动外层的皮毛，露出里层深色的皮肤。它时不时像狗一样伸出一条腿，这样做想必很舒服。不过多数时间它都一动不动，我甚至怀疑它是不是已经死掉了。

　　几天过去了。一个亮点是有 20 只白颊黑雁从我头顶上飞过，接着又掠过那头北极熊，还向下观望我们。一根羽毛落在我的手旁，黑白条纹相间，带着点点露珠。它在风中摇曳，"振翅欲飞"。黑雁柔和的色彩和它们的野性很适合这里。而我在它们迁徙之路的另一端——苏格兰，已对它们有所了解，它们在索尔威湾越冬。当我下次在那里见到它们时，我会想到今天，并带着别样的心情观察这些了解北极熊的黑雁。不过我得在它们迁徙之前离开它们了。轮船正等着把我们带回朗伊尔城，我们的行程到期了。

　　我们加快速度向外海行驶，借助双筒望远镜，我又看到了北极熊那灰白的轮廓，它依然躺在悬崖的下面。我现在明白为什么这头熊不去猎鸟了，它在保存体能并消耗脂肪。海面要到 11 月才会上冻，现在只是 8 月，但它已经在等候冬季降临了。

　　在斯瓦尔巴群岛拍摄北极熊让我心有所悟：野生动物摄影师并不是真的有耐心——北极熊的耐心才名副其实。

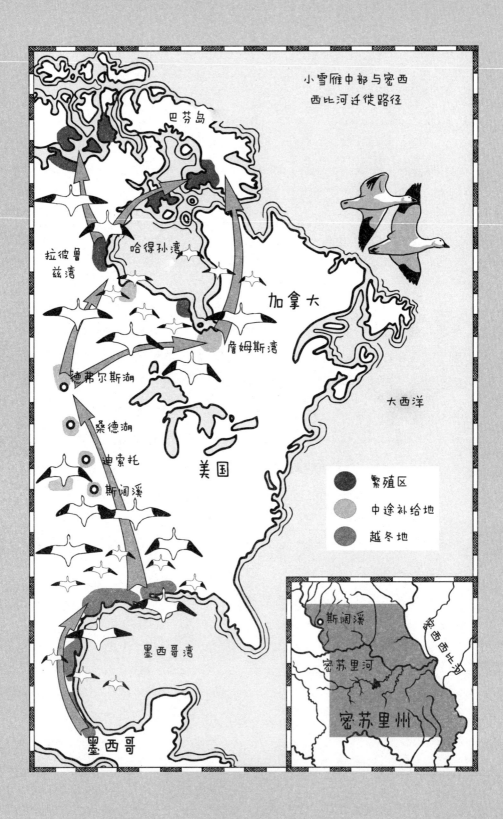

小雪雁中部与密西西比河迁徙路径

巴芬岛

拉彼鲁兹湾

哈得孙湾

加拿大

大西洋

德弗尔斯湖

詹姆斯湾

桑德湖

迪索托

美国

斯阔溪

繁殖区
中途补给地
越冬地

墨西哥湾

墨西哥

斯阔溪

密苏里河

密苏里州

**7**

小雪雁"龙卷风"

北极熊别无选择，只能待在原地，等待浮冰赐予它们自由徜徉的机会，而北美洲的小雪雁则会在冬季冰封大地之前离开北方，等到春季来临再飞回北冰洋。数目巨大的鸟群不仅壮观，也富有争议。

岸上的冰层被割出道道沟壑，湖边成排的度假小屋荒无一人，窗户上都拉着百叶窗，屋内没有灯光。在一个满是积雪的院子里，有一根安装着高压钠灯的金属灯杆，是在拙劣模仿《纳尼亚传奇》中的一个温馨场景，不过现在已经隐匿在树林中了。这座湖泊不受风或潮汐的影响，这里的冰却承受着很大的张力，发出类似人声的古怪声响，可这里并没有人。雪地上可以看到郊狼的足印。我的伪装帐篷昨天下午就搭好了，顶棚上点缀着晶莹的霜花，当我拉开帆布拉链时，它们像尘土般飘落。在同事曼迪的帮助下，我必须赶在天亮前，在僵硬的壁布内架起摄像机，然后开始等待。可三脚架的金属腿在冰冻的湖岸上太容易滑动，想融化冰面也很简单，一泡尿解决问题，但或许还有让人不那么窘迫且更奏效的办法。牺牲我一壶热茶怎么样？如果从现在开始，我还要在这个小帐篷里躲上 10 个小时，我肯定会想念它的，但天马上就要亮了，我们必须抓紧时间，不就是一壶茶嘛，舍不得孩子套不住狼。

一钻进伪装帐篷里落座，我就用一件备用大衣裹住我的膝盖，我的手指和脚趾是全身最冷的部位。冰面上没有任何活动的迹象。天依然太黑，还不适合拍摄。远处传来一声火车绝望的哀号：一种明确代表现代美国中西部的声音，仿佛一个世纪前的狼嚎。铁路沿密苏里河修建，形成这座牛轭湖并将其遗落在这片大草原上，周围是冬季玉米地的犁沟和残株留茬。根据对面房屋旁的船坞、日光浴场和烧烤区判断，这里在盛夏时节应该很热闹。房屋地面层的墙体由混凝土简单浇筑而成，每面墙都有一条黑线，远超过我的身高，就像破旧浴缸上的残渍。在我的小帐篷周围的树上也有类似的线，事实上所有的树上都有，好像有人着魔似的到处做出这种标记。这是湖泊反复变迁留下的痕迹。

旱涝交替，冷热更迭，美国中西部的极端气候变化非常明显，我来拍摄的鸟儿也深知这一点。

几年前，我曾在秋季到加拿大的哈得孙湾岸边花了几天时间拍摄素材。那里要比这儿暖和，尽管那里更靠北。在海湾周围的盐沼上甚至可以见到北极熊，那里是它们所能到达的最南端。在 9 月的阳光下，它们似乎与周围的环境格格不入，越是如此，我的感觉越强烈，因为那些盐沼像极了家乡的沼泽，黑雁如乌云般在我儿时的天空中翻滚。哈得孙湾也有雁类，但它们是小雪雁。在我们拍摄北极熊通过角斗试探对方的实力时，银光闪闪的小雪雁群一直是北极熊的背景。地上的白熊和天上的白雁构成一幅完美的画面。这些熊和斯瓦尔巴群岛的熊一样，都在等待海面结冰，小雪雁却在等待机会离开，在向南长途跋涉前，它们要先填饱肚子。在拍摄即将结束的时候，我看到数千只小雪雁组成 "V" 形阵容平稳飞行。还有几百只鸟在侧面伴飞，它们沿着大河飞行，直抵北美洲的心脏地带。

那是全世界最大规模的自然事件之一的开端——整个大洲的小雪雁从北极迁徙到墨西哥湾。而现在，我守在小帐篷里，希望拍摄到它们挥师北上的镜头。较之秋季行程，春季的迁徙更仓促些：时间宝贵，甚至要按天计算，因为北极的夏天非常短暂，它们不能在路上耽误时间。就像美洲的早期探险家和接踵而至的铁路筑路工人一样，很多鸟类会沿着密苏里河的走向前进。去年的幼鸟会在亲鸟的指导下向北飞行，就像自古以来雪雁家族每年春天的行动一样。在某些年份，它们决定在这里中断行程，而每当它们这样做的时候，我听说它们的群落会极其庞大。这正是我和曼迪希望拍摄的内容：雪雁在数量较多时的行为方式及其捕食者的反应，但我们无法确定今年的极端寒冷天气对我们是利是弊。如果它们如期而至，而我蹲守的位置刚刚好，那么拍摄到的景象将会无比壮观；但如果天气突然转暖，这些雪雁就会匆匆北飞，甚至决定不在此停留。

天光渐亮。有黑影四散进冬日的树林里，背对着晨光整理羽毛。从轮廓可以看出它们是秃鹰：既是强大的捕食者，又是机会主义的食腐动物。其实它们也是候鸟，但现在也和我一样等候在这里。在酷寒下，只有一小块湖面尚未结冰，湖面上水汽氤氲。当第一道阳光突破密苏里州平坦的地平线，水汽瞬间被镀成金黄色，并扭曲成各种形状升入空中。远处传来模模糊糊的声音：人声或犬吠。

北美洲曾经还有一种特别善于旅行的鸟类，它们的名字突出了其喜欢漂泊的性格——旅鸽。"passager"在法语中意指"旅客"。人们满怀敬畏地描述它们飞过的声音：如雷鸣，如炮火，如骑兵的铁蹄。它们的数量也令人吃惊：一些群落能连续3天遮天蔽日，一处栖息地的面积就可能高达2 000平方千米。正在筑巢的旅鸽可能会把树枝压断，你朝天上随便开枪可能就会打下一大串。任何人看到如此庞大的鸟群都会震惊于它的无穷无尽。他们说，只有雪雁的数量可以与之媲美。

有一种声音越来越近，它们是小雪雁，在空中画出优美的线条，就像铅笔画，层层叠叠。它们的声音越来越强，最后汇聚成喧闹。我头顶上的线条开始变得凌乱，很显然雁群正在犹豫是否降落。在它们的高度上，应该可以看到几英里远的地方还有一座稍大的湖泊，曼迪在那里等着它们。那是它们唯一的第二选择，不过已经完全冰封了。放眼周边辽阔的田野，只有这座牛轭湖正在亮出无冰的水面迎接它们，让它们有机会休息、清洗羽毛和补充水分。

"这里安全吗？"它们很想知道。它们的不确定表现在翅膀的状态上，也表现在当它们看到树林中的秃鹰后，整个鸟群慢慢倾斜转弯的行动。"我们必须降落吗？"

这也是我的问题。

越来越多的雪雁加入鸟群的回旋中，它们猛地突破了极限。现在有足够多的鸟儿愿意碰碰运气，它们开始盘旋而下。对每只雪雁而言，只要不是形单影只，那么受到伤害的风险将很小。秃鹰在注视着它们的到来。雪雁群化整为零，开始以家庭为单位飞行。有些雪雁甚至可以叫"蓝"雪雁，因为它们翅膀和身体的颜色很暗，但很多亲鸟都是耀眼的白色，只有翅尖是黑色的，鸟脚和喙是珊瑚色的。从下面看，白色的鸟群在天空中反射出柔和而闪亮的光芒。多数成对的亲鸟带领两三只灰色的幼鸟。它们开始降落，越来越多，直到这里成了雪雁的世界，无冰水面很快"鸟满为患"。后来者只能落到冰面的边缘。一万只？两万只？或者更多？

早到者已经开始沐浴。它们身体太轻，想完全潜入水中并非易事，于是它们先将头扎入水中，然后弯曲长长的脖子，把亮晶晶的水珠甩到背上，之后任由水珠从翅膀上滚落。它们将喙部贴在侧腹上擦洗并再次溅水。一层又一层的雪雁如幽灵般在薄雾中净身。相比之下，前排的雪雁是黑色的，它们的身影笼罩在雪雁群沐浴蒸腾出的水汽中，若隐若现，时间仿佛也在此刻停止了。

它们感到很安全，在数量上，它们压倒了树林中的秃鹰和隐藏在更远处的郊狼。它们坚信分摊到每只雪雁身上的风险相当低，足以好好睡一觉。于是，它们决定在冰面上休息：收拢双脚，将鸟喙插入后背的羽毛中取暖。它们面朝同一个方向，身体保持着同一个姿势，轮廓金光闪闪。它们的叫声渐趋低沉，变成持续的嗡嗡声，像从一个个蜂巢中发出的声音。一只雪雁伸出脑袋，自顾自地叫了几声。它们显然并不在意我。这真是千载难逢的机会，寒冷和无冰的水面让它们在这里驻足，它们与水汽融为一体，背着阳光，非常耀眼。这里面也有我那一壶茶的功劳。我拍摄的时候，心脏怦怦直跳，生怕壮观的场面过早地结束。一道道阳光透过金色的薄雾落在雪雁的身体上，而雪雁的身影又投射到蓝色冰面上，这一切都让我欣喜若狂。

这时一只秃鹰飞过来。雁群几乎同时瞬间醒来，每只雪雁都将头高高扬起。从我的角度看，仿佛涟漪骤起，为了解情况，它们都在伸长脖子，试图超过周围的同伴。这些雪雁僵立在冰面上，看到秃鹰飞了过来。它们看到它正在有力抽动的翅膀，也看懂了它贴着雁群头顶径直飞过来的目的，它们不能再等了。它们俯下身，双爪用力，像弹簧一样腾空而起。此刻另一轮骚动席卷了整个冰面，翅膀的扑棱声和激荡的风声传入我的耳蜗。也就在转瞬之间，成千上万的雪雁飞入空中，一股大风倏然而至，冲击我的小帐篷。碎冰、腐叶和水花随着碰撞的翅膀四散开来。风中充满了鸟的味道、谷场的味道和鸭池的味道，随之而来的还有乱糟糟的声音。惊恐的雪雁呼唤家庭成员，试图一起突破混沌的空气和乱作一团的同类躯体并让自己飞得更高。雪雁的密度极大，我的眼前仿佛陡然升起了一堵墙。秃鹰大骇，趁着混乱突出重围。它飞到鸟群边缘的清净处，头和弯曲的喙朝下。它在寻找鸟群的薄弱点。

一只雪雁头朝下摔下来，它升空时因碰撞造成身体骨折，现在又摔死在冰面上。雪雁似乎试图抱团获得安全保障，但唯独忘记了自身带来的安全威胁。那只秃鹰开始在空中盘旋，然后滑翔着落下，这时其他秃鹰也从树林里飞了出来。

空中的雪雁群已经高过了树梢，正在重新组织飞行队列。每一小群雪雁之间保持相同的距离，它们谨慎地控制飞行速度，使自己处在精确的位置，这样前面雪雁拍打翅膀时带动的空气运动会节省后面飞鸟的体力。我目送它们离开，试图通过它们的飞行方向和高度，判断它们是离开这里向北飞还是仅仅转移到更大的湖泊。

虽然还在拍摄秃鹰争食死掉的雪雁，但我的心早已随着那群雪雁飞走了。它们飞起时，似乎展示出了某种奇异的东西：这些漂亮的精灵组成一个鸟群，通过自己的方式决定前进方向，好像存在一种集体意识。鸟群占据了我头顶的空间，在空中形成了意想不到的图案。现在我渴望拍到一个真正的大鸟群，但真正的大雪雁群是什么样的呢？

当我还是一个孩子的时候，我曾站在一道海堤上，试图数清朝我飞来的黑雁的数量。我很快数出 10 只鸟，接着翻上 10 倍，估计出 100 只鸟所占据的空间，然后在心里这样一群一群地数。我绝少能跨入下一个量级，达到 1 000 只鸟，因为每年到兰斯通港越冬的黑雁只有五六千只，但它们飞翔时的壮观场景总会让我驻足。

北美洲中部地区雪雁种群的变化，像密苏里河的水位一样狂乱，而有关数量的争论也是此起彼伏，永无休止。无可否认，现在雪雁的种群数量已经达到一个世纪以来的最高点，但想确定它们的数量依旧不容易。一种方法是守在位于北极冻原上的筑巢地，利用它们等距离飞行且清晰易辨的特点拍摄航空照片。计算机已经取代人力清点数目，但积雪层对计算机和人眼都有很大影响。通过这种估算方法以及对它们越冬群落的统计，我们知道每年有大约 300 万只成鸟在这个大洲的中部起降。类似的数字很难核对，而且最值得信赖的数据或许根本不是来自前述统计方法。相反，科学家们将脚环系在已知数量的鸟的腿上或脖子上，接下来便等待由猎人们报告捕获这些脚环鸟的比例。这种统计方法显示，常规清点方法会严重低估最大鸟群的具体数量。捕获的脚环鸟的数量显示，近些年有多达 2 000 万只成年小雪雁和 500 万只幼鸟从它们的北极繁殖地飞到南方。

曼迪发来一条短信，现在雪雁群正在她的头顶上方盘旋。她要过来接我，是时候抛弃我的伪装帐篷了。

她一直在一个国家野生动物保护区内观察雪雁，这样的保护区全美有550多个。最早的保护区设立于1903年，现如今，美国此类保护区的总面积超过50万平方千米。我要去的这个保护区是由大型浅水湖泊拼凑而成的，周围有香蒲沼泽地和树林，最外圈环绕着一条土路。迁徙中的雪雁从空中看到这么一大片水面想必非常动心，即使大部分水面处于冰封状态。在驱车赶往保护区的路上，我们在路边也看到了成片的"雪雁"。它们是白色塑料制品，用棍子插在残茬间。其他用电池驱动的诱饵在空中兜着小圈子，模仿着陆的鸟儿加入"鸟群"。人们穿着迷彩服，戴着棒球帽穿行其间，寻找引诱下来的真雪雁并开枪射杀。城里的加油站和快餐店等处停满了卡车，到处都能看到猎人。"撂倒它们——自1990年开始"，在一个人的衬衫上，我读到这样一句口号。

1916年，加拿大和美国签署了一项条约，保护雪雁免遭春季捕杀，尤其是制止那些未受管制的市场猎人"不加选择的屠杀行为"。这些人在之前两年已经让旅鸽步入灭绝的境地。美国种群数量最为庞大的鸟类已全部消失的现实给人们带来了极大的震撼。其实以此为节点再往前推50年，美国大陆还有数十亿只旅鸽。雪雁属于受益者：免遭春季被捕猎的命运，并在秋季迁徙期间受新保护区体系的保护，这样它们的种群数量开始恢复。

我们在保护区的湖边停下车。强劲的南风吹过来，这是温暖的风，裹挟雪雁而至的风。我抬头观望，成排的雪雁仿佛一架即将降落的飞机，入侵之势扑面而来。我先前拍摄的雪雁只是先头部队，更大规模的雪雁一群接一群，在我面前盘旋着降落。很多雪雁降落在坚硬的冰面上。如果秃鹰来袭，这些固体的水无法成为它们的庇护，不过冰层已经开始融化，而无冰的水面也在不断扩大。不少雪雁降落到水面上并向岸边漂移，我第一次有机会仔细观察它们的个体。可以明显看到，一条黑色切口直达喙部，旋涡状的软毛在其颈部形成一道道隆起。我还可以看到性别间的细微差别：公雁体重更大，喙部更大，与配偶的绕颈动作更温柔。湖中雪雁密布，仿佛一座城市的人口都集中到了这里，每个生活场景都铺呈在我的眼前。幼鸟开心地啄食往年植物留下的残枝败叶和伸出水面的百合种球，其他雪雁则在一丝不苟地整理自己的羽毛。还有少数幼鸟和成鸟飞到半空中，呼唤在乱糟糟的起飞过程中走散的亲人。其中一只几乎飞出了我的视线，之后又转身飞回来，依然在不停地呼唤。在如此庞大的鸟群中，仅凭声音就能找到对方的本领真令人惊叹。老弱病残现象在这里也有体现，一些雪雁似乎非常疲惫，无法继续前行了。一只雪雁无法抬起脖子，头部逐渐耷拉到水里直至溺亡。可以想见，这些受伤病困扰的雪雁会成为秃鹰的猎物，但目前看来，秃鹰对这个鸟群的规模还是非常忌惮。有两只秃鹰飞过来，但高高在上，很像途经城市上空的大型航班，鸟群对此泰然处之。

"雪雁来了。"消息在 Facebook 上不胫而走。猎人们一边上传照片一边开着玩笑，当然他们期望的是鸟群早点儿离开保护区：

"我们的子弹带少了。这是谁制定的鬼政策？每人只能带 50 发，太少了。"

不过在我看来他们并不是在开玩笑。

一些人试图通过奔跑和挥舞胳膊的方式把鸟轰到天上。他们的手里早已准备好了相机，但雪雁只是稍稍游开，远离湖岸。很多老年夫妇——他们的数量远远超过猎人，只是长时间徘徊在岸边，以雪白的湖面为背景给对方拍照。"你在数雪雁吗？"他们问，"我数到 100 后把目标搞乱了，还要重新数。"

友好的保护区管理人员停下来和我聊天，我问他是否知道有多少只雪雁。"现在肯定有将近 100 万只了。"他说，"我们每周都会数数，今天又到日子了。"

他用手机拍下鸟群的照片并传给他的妻子。

　　直到大约 50 年前，美国的"中大陆"雪雁还是在墨西哥湾沿岸越冬，依然和它们在北方一样以盐沼植物为食，但后来它们的命运发生了重大转折。很多沼泽的水被抽干或者原地建起了油码头和炼油厂，雪雁因而不得不向内陆转移，不过它们到了那里之后才发现，大草原也在变化。大草原引入了灌溉系统，放弃了放牧转而改种水稻和玉米。为了确保好收成，农民们越来越多地使用化肥，而他们在收获季节散落的粮食成了雪雁理想的食物。结果，更多的雪雁熬过了冬天，从 20 世纪 70 年代开始的 20 年间，它们的种群数量增长了 3 倍。

　　自然界与人类密不可分。发生在得克萨斯州和路易斯安那州田野上的变化开始影响到遥远的北极地区，数量惊人的雪雁在它们迁徙路径的另一端——哈得孙湾周边地区破坏植被。

　　整个下午，雪雁如雪片般纷纷落下，把湖面填得满满当当，而且几乎蔓延到我们站立的位置，我们的汽车暂时充当了三脚架和照相机的屏障。透过镜头，我看到一个鸟头攒动的白色世界，一直延伸到远端的湖岸。真是一幅梦幻般的场景：成群的雪雁飘来荡去，间或有白色的烟尘扬起——它们因彼此间的影子或者藏身于芦苇丛中的郊狼受到惊吓，腾空而起。不过它们很快又消停下来，整个鸟群进入梦乡，如此巨大的数量让它们很有安全感。有大约 60 只秃鹰在窥视鸟群，但它们依然待在树上或立在冰湖的边缘，等待雪雁起飞的那一刻带来的机会。

　　我还从未见过这么多的鸟或其他任何动物。如果把它们换成人，全世界最大的体育场也容不下这个数量的十分之一。一个路人告诉我们，这些雪雁重达数千吨，它们很快会让脚下受到重压的冰水漫过冰面或者直接把冰面压垮，尤其目前冰层还正在融化。他开始计算起来："每只雪雁6磅[1]重，乘以——你们认为有多少只？"

其实这是每个人都在问的问题："到底有多少只雪雁呢？"

这是一种恢宏的感觉：看到如此多的生灵集中在一个地方，知道它们欣欣向荣而不是重蹈旅鸽的命运。但如果它们天敌的数量也在同步增长，雪雁的数量的上升应该不会造成太大问题吧？事实证明，这只是我们的一厢情愿。大多数生活在北极地区的捕食者不得不在严冬里苦苦煎熬，而那时的雪雁远在温暖的南方，田野里食物充足。这就是为什么雪雁要在春季大规模迁徙，去北方筑巢，因为上一个冬季限制了捕食者的幸存数量。到目前为止，这一直是个成功的套路。

两位州里的保护官员巡视到这里：笔挺的制服，闪亮的徽章，黑皮带，还佩带手枪……总之显得很神气。他们的工作是检查猎人的许可证，当然，他们也用手机拍下雪雁的照片。我问他们，自从开始限制商业捕猎行为之后，雪雁的整体保护效果如何。然而，他们并不知道。

"它们具有侵略性，"一位官员说，"过去，我们保护它们，现在它们实在太多了，我们却不能把它们的数量降下来。它们正在毁掉其他鸟类生活的苔原。"

我问他其他鸟类指的是哪些鸟，但他并不确定。

"它们的数量是怎么算出来的？"

"按照面积计算，"一位官员说，"这座湖泊的面积是知道的，算出被雪雁占据的面积，再乘以每平方码[2]中雪雁的数量，按1.5只每平方码计算。"

"不是2.5只吗？"另一位官员说。

---

1  1磅约合0.45千克。

2  1平方码约合0.84平方米。

"也可以吧，两者取其一。"

"那么您认为这里现在有多少只呢？"

"噢，这得好好算算。"一位说。

"是的，会是一长串数字。"另一位补充道。

他们很想换成更有把握的话题。

"明天又要下雪了，"他查看自己的手机，"会有十分之一英寸厚。"

保护区的管理者后来告诉我们，当天官方的雪雁统计数字是 1 196 267 只；我相信他也会同意，和预测十分之一英寸厚的降雪量一样，这个数字的精确度也是无从谈起的。

我们都希望数字准确，这是我们领会雪雁巨大规模聚集的唯一方式。我们为雪雁做好标记，并保证它们的安全，但对这种规模的雪雁而言是没有安全可言的。自 20 世纪 90 年代以来，它们的种群数量一直在攀升，直到越过了一道无形的线。很显然，接下来需要人类而非自然界决定雪雁的数量。之所以会这样，是因为我们改变了它们的世界。一开始，它们得益于我们将草原变成了粮田，现在却因抓住了蓬勃发展的机会而要被杀死。1999 年，政府取消了对它们的保护，允许人们在春季猎杀它们，目标是在 6 年内让其种群数量减半。诱饵和高性能武器都被允许使用，而且没有每日捕猎限制。已经有两倍种群数量的雪雁被猎杀，但依然很难遏制它们种群数量的增长势头。雪雁种群的总数量一直被低估，因为我们是靠肉眼和照片清点其大规模鸟群数量的。即使每年射杀 100 万只鸟也不会有多大差别，而且最新的数据显示，已经无法通过美加两国的猎人控制雪雁的数量了，下一步也许是端掉鸟巢或者打碎鸟蛋，但深入它们在北极地区的栖息地成本高昂。或者还可以在晚上射杀它们，使用类似地雷的装置甚至毒药，这样一次可以消灭数万只鸟，这些方法不到万不得已，还是谨慎使用为好。

我不能一边眼睛盯着雪雁，一边消化如此大规模消灭它们的想法，但我们确实面临较为复杂的局面：它们会逐渐地侵占每一处适合筑巢的地方，随后它们的数量会稳定下来，或许开始下降，但在这种趋势出现之前，它们会破坏一些苔原、盐沼植被和哈得孙湾及其更北部的水塘。当我在那里拍摄的时候，我发现脆弱的北极植被显然要经过几十年才能得到恢复。有时这种破坏会以更珍稀的鸟类为代价。尽管在如此高强度的猎捕之前，雪雁可能只是恢复到了原先的种群数量。真相无人知晓。

目前，捕食者并未对雪雁产生多大影响，但随着全球变暖，北极地区也在发生变化。每年，哈得孙湾结冰的时间都在延迟，导致北极熊捕猎海豹的时间越来越短。到了夏季，饥饿的北极熊很可能会发现逐渐扩大的雪雁栖息地非常诱人，正像它们在斯瓦尔巴群岛所做的那样，花更多的时间寻找鸟蛋。

很显然，曾经解决雪雁问题行之有效的方法现在不起作用了。这个问题是我们造成的，我们有责任不采取杀死数百万只雪雁的办法解决它。我们可以考虑一个没人提及的解决方案：改变耕种方式，这样首先它们所能获得的遗穗便会大幅度减少。

艳阳高照，和风吹拂，冰面开始融化。冰层将在几天之内消失殆尽，但我怀疑雪雁能否等到那一天。对它们来说，融冰就是出发的信号。超过 100 万只雪雁叽叽喳喳，发出了巨大的声响，每当安静降临时，就仿佛这座湖泊屏住了呼吸。所有雪雁都伸直了脖子，每一只雪雁都警惕了起来。接着传来类似爆破的声音，很强烈的爆炸，距离的原因使声音有些沉闷，紧接着又传来雷鸣般的声响，如同摩天大楼轰然倒塌。雁群起飞了。右边不远处，轰鸣声响起，就像海浪拍击海岸，或者飞机引擎陡然加速并获得动力，更像球场上的球迷发出山呼海啸：这排山倒海般的声音，白色的声音，足以湮没一列万吨重载火车越湖而过的轰鸣。出于自我保护，我感到我的耳朵正在屏蔽声音。我在说话吗？如果是的话，我怎么听不见我自己的声音呢？

一个黑白相间的楔形物从鸟群的边缘直插其核心位置，一次反向的雪暴从冰面上升起：越来越多、越来越多的雪雁飞起来。其他雪雁出于惊恐，盘旋着陡然升起，形成一个旋涡，一个由无数只雪雁组成的龙卷风。在黑压压的雪雁"天篷"下，一股自然的力量正在激荡，这是扇动的翅膀激起的雪雁之风。它们活在这股劲风之中，有时它们也会死在其中。

"天篷"开始向我们这边做旋转运动，来到了我们上方：这是一片涌动着无数颗粒的晦暗天空，聚散分合的场景不间断上演。相对静止的时候，它们看上去像一幅埃舍尔[1]黑白木版画，每只鸟的轮廓都嵌入其中，但当鸟群运动起来，它们又变成忽隐忽现的像素点，和屏幕上的静电噪点一样单调。

我希望它会停下来。

我希望它会永远继续下去。

鸟群终于离开了这片天空。一排排阴影旋转着扫过翘起的冰面，扫过我们向上仰起、目瞪口呆的面庞。

我不知道它们离开的原因是什么，甚至没有一只秃鹰敢于飞过这样一片天。"其他鸟这样做，我也要这样做，我不要被群体甩下"，雪雁可能是想在群体中寻找安全感。鸟群通过湖面后四散开来，一束束阴郁的羽毛随风飘落。当雪雁飞越保护区的边界时，枪声响起。白色的小鸟像生命耗尽的流星，收缩身体并从"星云"中跌落。当幸存者的喧闹声消失在北方的天空，一只受伤的孤雁飞过空荡荡的冰面，拼命追赶大部队。

雪雁是为数不多能让人回忆起野生状态下的美国是什么样子的事物了。它们证明，除了我们人类之外，这块大陆依然可以接纳充沛程度难以想象的动物。在面对最令人震惊的生命集合体的时候，我并没有把时间浪费在清点

----

1 埃舍尔（Maurits Cornelis Escher，1898—1972），荷兰版画艺术大师。

它们的数量上，这让我非常高兴。

再做一件事，就可以完成我们的拍摄任务了：我们需要拍摄一只秃鹰从一棵树上飞起的镜头。这件事说着容易，但做起来很难。保护区里有很多秃鹰，但它们都不情愿从树林里飞出来，要是没有充分的理由，打扰它们也是犯法的事，尽管我们希望这样做。

我们沿着土路行驶，终于发现了一个松散的秃鹰群，它们栖息在一片杂树林里。我们靠边停下，我悄悄溜到汽车的背侧。我在路中央支好三脚架，希望路上不要再有什么车流，毕竟雁群已经飞走了。接着曼迪慢慢倒车，直到我在镜头中锁定了两只并排栖在树上的秃鹰。它们回头看着我，目光犀利。它们或许能辨认出镜头上的编号，于是我尽自己所能避免打扰它们：我用手套盖住自己苍白的双手，足足有一刻钟，我几乎不敢动摄像机，只是屈膝跪在那儿，尽量保持静止。秃鹰有些过于放松了：一点儿看不出它们有起飞的迹象。一只秃鹰在整理身体一侧的羽毛，而另一只则在假寐。

我已经开始幻想，哪怕让某人打扰一下我正在拍摄的这对鸟也好，这时一辆汽车在我身旁停下。车窗摇下，一位摄影师的叫喊盖过了发动机的轰鸣：

"你真幸运，一下拍到两只！你在用什么镜头？"

我压低了声音回应，尽量简短："它们太棒了，不是吗？"我不想多聊，但又尽量做到彬彬有礼，与此同时继续盯着取景器，生怕秃鹰突然起飞，但这两只都睡着了。那位摄影师又喊：

"哦，那儿还有一只。这是一大群啊！"

在我们前方的树林里，还有另外四只秃鹰，但这不是一大群。我知道一大群是个什么概念。我已经看到过一大群雪雁。

**8**

神出鬼没的猞猁

　　与在密苏里州的开阔地带拍摄 100 万只雪雁相比，加拿大西北部的森林给我带来了一项全然不同的挑战。我们到这里拍摄素材，经过了几周的尝试，见到的只有乌鸦，哪怕能瞥到猫科动物一眼，对我们也是莫大的鼓励。

　　有 4 只乌鸦落在冰封的河道中央，它们正在积雪中沐浴。我是第一次看到它们这样的举动：张开翅膀，在空中踢腿，上下翻滚，清洁羽毛。身处密林的包围之下，总感觉有看不到的眼睛在偷窥，或许这正是乌鸦在宽阔的河道中才能放松雪浴的原因。距离太远了，拍摄有难度，但欣赏眼前的景象也让人心情愉快：这也算消磨时间的一件乐事吧，只要睁着眼睛看就行。

　　站在山坡上，我们的视线可以越过戴泽迪什河，以及河对岸的山杨和柳树，远眺蓝叶云杉林和连绵的山峦。在面前的雪地里，我可以看到清晰而完整的足印，好像一个小孩子曾经光着脚站在那里。我可以看到八字形的脚趾和脚后跟的印迹，这是一只野兔留下的。白靴兔硕大的后爪可以分摊体重，这样它就能在松软的雪地里跑得飞快。这只野兔的步幅很大，后爪留下的足印竟然落在较小的前爪足印的前面。它们可能近在咫尺，但纯白的皮毛是其完美的伪装，除非我能注意到它的瞳孔或黑色的耳朵尖。

　　我们正在苦苦寻找的猞猁同样难觅其踪。这些猫科动物非常机警，有着超级敏锐的视觉、嗅觉和听觉，而且它们大部分时间都在森林里活动，所以难见其容并不稀奇。制片人亚当和我希望在本地追踪者兰斯的帮助下拍摄到它们，但经过 10 天的尝试后，我们连看见一只猞猁的机会都如周围的景致一样暗淡。不过我们有信息优势：猞猁的命运仰赖于它们猎物的表现，白靴兔家族去年人丁兴旺，所以猞猁今年应该会过得不错。

兰斯的朋友们也在协助我们寻找。一位开扫雪车的朋友今天早上打来电话，说她在路边见到了猞猁一家。在我们开车与她会合的路上，我专注地盯着分列道路两旁的林木，但无法想象一只猞猁如何活动或者说会留下什么蛛丝马迹。更多的时候，我们只能发现它们留在雪地上的足印，而不是它们穿过树林的身影。不过在每小时 40 英里的车速下，我几乎无法把它们的足印与驼鹿或郊狼的踪迹区分开来。不知为何，开车的兰斯却能找到足印并能区分出哪些是昨天的、哪些是新鲜的。当我们到达扫雪车司机所在的地点时，猞猁一家到过那里的唯一痕迹是它们留在雪地上的足印。兰斯为我们示范如何判断它们是否新鲜：用你的脚滑过足印的边缘，如果你能感觉到冰碴儿，那么足印至少是 10 分钟以前留下的。这些猞猁早就走远了。

我们沿着一条僻静的道路跟踪另一组足印。今天早上天刚蒙蒙亮的时候，一只猞猁来过这里。它的足印非常圆，大小和我的手掌相仿。我能看到它的脚趾但看不到爪子，因为猞猁可以收回它们，几乎所有的猫科动物都能做到这一点。起初足印的间隔适当，但紧接着猞猁猛地改变了步态，步伐特别小，而且后脚的脚趾几乎压在了前脚脚跟印上，兰斯将这种步态称为"猫步"。这只猞猁正在捕猎，它的足印突然终止，说明它在此离开了道路，越过两米多的距离，跳进了深深的积雪中。之后，它再次跨越，并来到了一棵树下，在那里抓住了一只松鼠。松鼠的足印是成对出现的，压痕非常浅，它正往树上跳。猞猁想必就在那里截住了它，因为雪地上有一条松鼠的尾巴。所有遗留下来的东西，就只有这条尾巴。

　　真是吊人胃口，这只猞猁今天早些时候就在这里活动，但我们无疑错过了。我看着寂静的树林，突发奇想，在我们寻找它们的时候，有多少猞猁其实已经看到了我们。

　　头顶上，一束光线在有规律地跳动，暗淡无色，先是变成了一座金字塔的形状，忽闪忽闪，不停舞动，缕缕光线如窗帘般晃动。在3月的晴空下，能够欣赏到北极光，我应该激动得颤抖才对，但这个早上的气温仅在冰点以下。去年的今天，气温是–45℃。非季节性的气候变暖正在融化积雪，也在抹去猞猁留下的痕迹，增加了我们的任务难度。

　　拂晓前，有一组星星依然很明亮，那是猎户星座。小时候，每到冬天，我经常透过卧室的窗户看它。顾名思义，猎户星座就是猎人的星座，这么多年来，我早起拍摄野生动物的时候，常能看见它高悬于空，我想它也算野生动物摄影师的星座吧。或许，它代表一个好兆头。我们只剩10天的时间，但还没能找到预测猞猁行动路线的方法。

　　兰斯已经尝试了他能想到的一切招数：为了激发猞猁的好奇心，他用细绳穿起一串闪闪发光的CD碟片挂了出去；他试图利用在路上发现的死野兔把它们引诱到开阔地带；他甚至在细树枝上涂抹臭烘烘的东西——从海狸肛腺中提取的海狸香和一种"猫咪助情剂"的混合物。他说，有些公猞猁非常喜爱这些东西，会把脸贴在上面用力摩擦。猫咪助情剂看上去像马麦酱，但如果你把它们抹在你的面包上，你会吃苦头的。到目前为止，没有一招奏效。

　　我们在寂静的密林里走了一个小时，穿行在灰色的山杨间，雪温柔地下个不停。附近有一所房屋，最近几天，屋主从自家的窗户里看到过一个猞猁家庭。这里本该是一个完美的拍摄地点，但到目前为止我们一无所获。现在兰斯已经发现了它们的行踪：一只母猞猁带着三四只幼崽最近在这片林子里活动过。从幼崽的足印看，它们的个头与母亲几乎一样大。

我们把摄影器材放在身后的雪橇上拖着走，走出了一条长长的曲线。我们的行迹绕着这家猞猁的足迹兜了一个圈子，希望我们回到公路上，它们依然在圈子里的某个地方。不过我们再一次失望了：它们已经穿过了公路，我们画了一个空圈子。这家猞猁至少比我们早一个小时，在茂密的云杉林里，我们是追不上它们的，况且它们又进入了一片沼泽地。兰斯解释，猞猁通常做巡回旅行，它们还会回来的，但无法确定时间。他说猞猁前进时经常分分合合，需要通过呼唤保持联系，因此我们现在最好的机会是找一处制高点，监听它们奇怪的叫声。为了宣示自己的领地，公猞猁也会叫，如果我们听到了公猞猁的叫声，兰斯还能做出回应。他给我们做了一个示范：把双手做成喇叭状，发出低沉的两声，有别于我曾听到的任何猫科动物的叫声。如果我是一只猞猁，这叫声肯定会引起我的注意。

可以俯瞰河道的小山，似乎是静候猞猁归来的好地方，因为野兔就藏在柳树林里。猞猁会发现沿着河岸走要轻松很多。兰斯生了一小堆火以解冻自己喝的水。天空中，求偶的乌鸦上下翻飞，先急降再展开翅膀旋转着上升，就像一把张开的雨伞。

每天迎接我们的都是失败，3周的时间是如此漫长难熬。此时此刻，至关重要的是你要去回忆其他同样令人煎熬但最终有所回报的经历，以及那些因中途放弃无果而终的拍摄历程。为了鼓舞士气，亚当发出悬赏令，他会送50加元的红包给第一个发现可供拍摄的猞猁的人。兰斯提议增加到100加元，亚当也点头同意了。当时我是唯一面向河道的人，碰巧一只猞猁从河对岸的柳树林里走出来。这是一只身长而壮硕的公猞猁，罗圈腿，毛发浓密，洒脱自如。我告诉其他人我看到了一只猞猁，当然，他们不相信。

兰斯拢起双手，学猞猁叫。猞猁立刻停下来，朝我们这边跨了几步并竖起耳朵。虽然它距离我们很远，但通过镜头，我还是可以看到它毛茸茸的耳朵和短尾巴。兰斯又开始呼唤它。这只猞猁一定感到这个声音有些古怪或者不清楚是什么东西发出来的，不过它并未慌张，而是转过身继续走路并消失在柳树林中。我们终于拍到了一段猞猁的镜头，不过客观地说，这些素材还不够。我们拿着赏金买了一些啤酒，并商量下一步拍摄计划。到目前为止，跟踪无效，等待失败，希望破灭，甚至猫咪助情剂也没起作用。可怜的兰斯啊！他要马上赶去做另一项工作，临走时还是提出了最后一项建议，他的朋友彼得可以驾驶机动雪橇带我穿越这片云杉林。如果见到了猞猁的踪影，我们可以穿上雪地靴跟踪它。这个建议似乎值得一试。

在我等待彼得的地方，云杉修长挺拔，簌簌作响，树荫下并没有积雪。一只松鼠慌慌张张地发出警报，一只长着和飞蛾同样圆翅的灰噪鸦从树梢间悄无声息地飞过。一夜之间，气温骤降，微小的冰花从针叶的尖端绽开，每朵冰花都有六片水晶花瓣，就像一朵玫瑰花。每棵树的每个针叶上都有一朵冰花，成千上万朵美丽的冰花竞相绽放，只是因为太小，无法引起人们的注意。粉尘般的新雪刚刚落下，这是这几天里的头一场雪，对于追踪猞猁的我们来说，一切都将改变。

彼得呼啸而至，他的机动雪橇后面拉着一架木制的狗拉雪橇。我们把摄影器材绑在狗拉雪橇上，我站在后面，踩在滑板的边缘。我得保持身体平衡，还要注意躲避半空中的树枝以免划伤眼睛，为了稳稳地待在滑板上，在拐弯时还要改变身体的重心。这次行程令人兴奋，我们搜索了很多地方。当我们发现第一组足印时，彼得和我停下来改为步行。猞猁身体灵活，可以溜过我们无法通过的窄缝。它的行迹翻过一截原木，接着穿过池塘薄薄的冰面。我们在后面艰难地跋涉，虽然我们穿着雪地靴，但还是会从松软的积雪表面深陷下去，接着在一棵没有积雪的树下，足印消失了。我们围着树转了两圈，猞猁失去了踪影，但一只白靴兔的足印出现了。我们又开始四下搜索，确信没有看到猞猁离开的足印。彼得说猞猁有时会爬到树上，并在树间跳来跳去，追逐松鼠，然后落到 20 米开外的地方，于是我们以这棵树为中心，呈螺线状向外扩大搜索范围，终于在野兔足印的旁边找到了一枚足印。原来猞猁为了节省体力，都是沿着野兔压实的足印行走的，也就是说，它把爪子精确地放在野兔的足印上。我们顺着踪迹来到另一棵树下，在积雪的边缘，它们再次消失了。正当彼得和我站在那儿，思考接下来的行动时，一只苍鹰从眼前飞过，像鬼魅一样苍白而悄无声息。

一位国家公园的护林员曾经告诉我："如果你沿着足印一直追踪下去，最后肯定会走入死胡同。"现在我终于相信这句话了。我们的行动这样迟缓而嘈杂，能找到并拍摄一只猞猁的机会似乎非常渺茫，除非猞猁是聋子。

我们仅剩几天了。彼得带我们去见他的朋友托马斯·乔，一位南方茨瓦内印第安人。他俩经常一起在秋天打猎，托马斯·乔对彼得大加赞扬，以自己大哥的名字称呼他。村子里的孩子也尊称彼得为"大叔"。

我们看到乔坐在自家小屋的台阶上，远眺一个冰湖。他说湖泊的名字源于生活在这里的巨型梭鱼。乔的家族已经在这里生活了很多代。他的脸似红木，高颧骨，深眼窝，眼睛总是若有所思的样子。他脸上的皱纹让我回忆起我的祖父，我立刻就喜欢上了这个人。他已经 72 岁了，而且患有糖尿病，所以我觉得他可能宁愿待在温暖的家里。我告诉他我们最近正在做的事和遇到的困难。

"你们要'赶大鸟'（他把飞机称作'大鸟'）吗，周一？"

"你是说'赶飞机'？是的，时间确实很紧张。"

托马斯·乔摩挲着下巴说，梭鱼干的气味可能会吸引到猞猁——他说话口音较重，把"猞猁"说成了"射梨"，随后他取来一包鱼干。我意识到，我们终于转运了：他决定帮我们。我们驱车赶往两条机动雪橇道的一处交叉口，托马斯·乔把那包鱼干固定在一截树干上。他建议我跟着他沿一条辙印步行，寻找猞猁的蛛丝马迹，就像猞猁那样，走在压实的雪地上不会发出很大声音，还可以节省体力。

"'射梨'大约会在4点钟觅食，"他向我解释，下午时积雪较为柔软，走在上面不会弄出很大声响，"野兔很难听到猞猁正在靠近。猞猁不喜欢风。现在天气不错，适合听声音。你今天就能拍到猞猁。"虽然前面遭遇了很多挫折，但现在我开始相信他了。托马斯·乔走在前面，我紧紧跟随，踩在他的脚印里，尽量减少噪声。我肩上扛着沉重的三脚架和摄像机，我知道如果走得太远，肩膀会吃不消，但我们这样做是为了避免使用噪声很大的雪橇。他穿着一件单薄的棉服，带着一壶热茶。天色阴沉沉的，从雪地上反射的光线填满了林木的阴影，也自下而上照亮了托马斯·乔，他的眼睛在光线下充满了异国情调，他仿佛成了杂志上的一张照片。他对自己健康的体魄颇为自豪："到了我这把年纪，没有多少人还能走这么远的路。"

我们要保持寂静，而不是打破寂静。他指给我看狼的足印，几乎有我的手那么大，在两英里的追踪过程中一直可以见到。他注意到一只白靴兔猛扑的痕迹，它从树林里跑出来并穿过我们沿着前进的小路。我还能看到狼獾留下的痕迹，它像狗熊一样蹚出一道壕沟，对于沿着别人的足印走以节省体力的做法简直不屑一顾。它正拖着某种食物行走，落下的零碎儿被乌鸦和松鸡啄走了，后者在飞走的时候，麻秆儿一样的双脚和挥动的翅膀在雪地表面留下浅浅的凹痕。有一组足印从较窄的拖曳痕迹上划过，好像一个短粗的捕食者在把尸体朝一棵云杉树下拖。

"这是豪猪。"托马斯·乔一边说一边朝我微笑，我终于想明白了，我们看到的痕迹应该是这只豪猪拖着自己沉重的尾巴留下的。"狼獾把它吃掉了。狼獾面对豪猪的刚毛下不了口，这是把它翻过来，撕开吃的。"他给我解释。周围依然一片沉寂，我们继续前进，看到雪地上压出一些很深的心形痕迹，边缘不是特别清晰。

"这是驼鹿，"他说，"正在树林里寻找蘑菇。"松鼠在秋天的时候把菌类带到树杈上晾干，驼鹿出来找寻这种搁在树上的"食品柜"。他捡起驼鹿遗落的一根干瘪的蘑菇给我看。

"松鼠虽然在自然界中是弱势群体，但很聪明。"托马斯·乔说。

在树林里到处都能看到松鼠活动的痕迹，由于痕迹过于密集，它们脚趾印在雪地上压出了类似高尔夫球的纹理。他把它们的粪堆指给我看，呈圆锥状，很圆很大，他伸出两只胳膊才能围抱过来。

"'射梨'在这里捕猎，很容易抓住松鼠。"

我们来到刚刚发现的猞猁足印前。托马斯·乔俯下身仔细观察，用自己的手指刮擦足印的边缘，感受冰碴儿的硬度。这是陈旧的足印。趾垫留下的痕迹整齐圆润，空间排布类似三色堇的花瓣，最大的一瓣在最下面。毛皮的覆盖面远远大于脚爪，可以分散身体的负荷，并起到消声的作用。他带我看猞猁离开机动雪橇辙印的地方。我把手指向雪里按，想看看需要施加多大压力才能突破积雪表面的硬壳：几乎不费吹灰之力。猞猁的脚步确实非常轻。

我们已经转了一大圈，托马斯·乔让我把摄像机架在散发出臭味的梭鱼干附近，这里正好可以向下俯视机动雪橇的车道。现在是下午3点刚过。他摘下一只手套，跪在上面，从侧面观察我保持静止的能力。很显然我通过了他挑剔的考核，我们在静谧的林间悄悄等待。

1个小时过去了，这时传来一只松鼠的叫声。一个灰色的身影出现在车道上。我试图指给托马斯·乔看，我的角度比他的角度稍好些，但它已经在柳树后停了下来，接着它又向前移动。我开始拍摄。这是一只猞猁，现在托马斯·乔也看到它了。一只修长、自信的猫科动物穿过焦距之外的柳树林，大步流星地朝我们走了过来：一只母猞猁。它的耳尖上有一簇黑毛，脸上有漂亮的花纹，一如我忙着拍摄，它也在匆匆赶路。在它浅色的眼睛周围，醒目的白色斑纹异常漂亮，让我惊叹不已。托马斯·乔朝它吹起口哨，或许是一只幼崽的叫声，它小跑过来，看到是两个人蹲在那里，就停了下来。它本以为是另一只猞猁发出的声音。它疑惑地盯着我们，但毫不畏惧，冷静地绕道而行，像家猫一样小心地在厚厚的积雪上跳跃着前进。它一次也没有回头看，而是沿着另一条小路走远了，短尾巴左摇右摆，大脚悄无声息地踏在午后的新雪中：此时大约刚过 4 点，和乔的预测一致。他握着我的手笑了，之后我们一前一后悄悄离开了。

在寻找猞猁 1 个月之后，我们不得不带着只完成了一半的拍摄任务离开。在一个如此理想的年份，有足够多的野兔供它们捕猎，亚当希望我们最后能找到一只母猞猁和它的幼崽，但我们还是与它们失之交臂。这个猞猁家庭在完成了森林和冰河巡游之后，回到森林中的家，在那里度过了两天，一起捕猎，一起玩耍。不过我们早走了一天。

20 年来，我到过很多地方，拍摄一两个月之后继续前进。那些经历令人沉醉，回味无穷。但也有很多次像这次一样，人们事后一本正经地告诉我，"你一走，它（你所希望的事情）就发生了"，或者"你昨天在这儿就好了"。托马斯·乔过着特立独行的生活。他证明了一个道理：若要深入了解你家乡的动物，最佳方式是彻底融入周围的自然环境。当然，除了花费时间，你没有窍门可循。

## 猞猁的最新消息

　　猞猁在种群数量上的自然波动，反映了白靴兔种群数量的周期性变化。这种规律至少从 19 世纪初便已产生，之后通过哈得孙湾公司猞猁毛皮贸易的数量呈现在世人面前。加拿大西部和阿拉斯加依然有大片森林。在上述地区，尽管人们为了获取毛皮仍在猎捕猞猁，但这些猫科动物的表现要远远好于亚洲的老虎。在加拿大东部和美国 48 个低纬度州，森林四分五裂，猞猁早已极其罕见。在美国本土，猞猁被归入"受威胁"物种，而在 2008 年，有超过 40 000 平方英里（约 103 600 平方千米）的公共土地被认定对它们的生存至关重要。

　　欧洲也有猞猁，在西伯利亚南部和斯堪的纳维亚半岛的针叶林内，可能生活着 30 000 只猞猁（西班牙也有少量非常珍稀的猞猁种群）。它们被引进到包括瑞士、德国和法国在内的其他欧洲国家。一些环保主义者正在游说把猞猁引入英国，它们或许可以帮助遏制日益增长的西方狍的数量。

**9**

北极熊的新食物

　　我面前的这座潟湖周围点缀着很多座小岛，远处是斯瓦尔巴群岛白雪皑皑的群山。这里是鸟类的天堂。去年夏天我们铩羽而归之后，迈尔斯决定再次尝试拍摄北极熊寻找鸟巢的过程，但这次我们将待在其中一座岛屿上，希望会有一头北极熊前来拜访我们。

　　这里物产丰富且较为隐蔽，也是这么多鸟类来此繁殖的原因之一。在我们的头顶上方，深色羽毛的贼鸥正在追逐北极燕鸥，仿佛这些鸟儿遭到了自己影子的打劫。水面之上有黑海鸽，而沿着长长的海岸线，成群的瓣蹼鹬在空中飞舞，纤美柔弱，你绝对想不到它们是在海上越冬的。迈尔斯之所以选择这座特别的岛屿，是因为绒鸭也在这里筑巢。当它们的蛋将要孵化时，北极熊可能会过来扫荡。

　　今年我们没有选择去年单薄的棚屋，而是待在一座坚固的小房子里。这座小屋是一个叫路易斯的人为了鸭绒专门建造的，也是岛上唯一的房屋。屋子里很安静，燕鸥的喧闹被三层玻璃窗隔绝在外，没有嘀嗒作响的时钟，没有自来水，当然也就不存在水龙头滴水的可能性。这里没有收音机，也没有飞机从头顶飞过。墙上挂着两副海象的獠牙，足有我的前臂那么长。屋内还有北极狐的毛皮、一把信号枪和一支猎枪，猎枪挂在墙上的一个楔子上。路易斯心灵手巧，也爱搞恶作剧：那块楔子是用海象的阴茎骨制作的。我坐在他用鲸椎骨打制的椅子上，看到卫生间双开门上的标志后会心一笑：一扇门上画的是代表男性的箭头，另一扇门上画的是代表女性的十字叉。两扇门都通往同一个小房间，但在男士一侧贴着一张纸条，上面写着：故障停用，请到海滩上方便。

刚才提到的是房屋的上层，路易斯住在里面，而地下室里有些值钱的东西。一扇金属门守卫着储藏室，储藏室里塞满了大棉包，一直顶到天花板。这些大棉包按上去柔软而有弹性，每个棉包重 10 千克，里面装的东西每千克价值 650 英镑。

今天很冷，微风吹过，柳叶飘摇。这里任何植物的高度都没有超过我的靴子，但有一只母绒鸭就躲在这种矮树林里。一连几天，我都在远远地观察它。它把巢筑在一处凹陷的地表，周围开满了紫色的虎耳草花。它的羽毛纤柔、美丽，边缘灰白而中间是黑色，并点缀有肉桂色、黑色和灰棕色斑点。当它走动时，羽毛一片盖过另一片，就像层叠的瓷砖。它脸部的羽毛呈现明暗相间的点画效果，淡淡的眉毛让它温婉了很多。它与花丛间的岩石和土壤非常协调，绝对不能太惹眼，因为北极熊抓像它这样孵蛋的小鸭子就如探囊取物。有五六只北极熊造访了路易斯的小岛，他也清楚每头熊的特征和癖好。虽然我可以躲在掩体里，但我真不愿意遇到它们，尤其是那头"电话熊"——这是路易斯给一头北极熊起的绰号，他说这个家伙最不可信。

迈尔斯在外面打电话，他正向远在布里斯托尔的制片办公室小声抱怨什么。路易斯给我讲了"电话熊"这一外号的由来。手机通信塔让迈尔斯能往英国打电话，这是几年前为峡湾的一座煤矿架设的。信号进入屋内就很微弱了，所以想打电话只能站在前门台阶的最高处。从那里看不到房屋后面的情况。去年夏天，路易斯的一位朋友就站在迈尔斯现在的位置打电话。"电话熊"送给他的见面礼是一声巨响。当路易斯跑到窗前时，他的朋友已经原地消失了。相反，一头北极熊站在那里，气宇轩昂的样子，比房门还高，正在用爪子连续拍击房门。原来它听到有人说话，便悄悄溜到房屋的拐角处，然后几步蹿上前去。路易斯慌忙抄起猎枪，跑到门廊处，发现朋友仰面躺在地上，依然在通电话，只是双脚死死抵着正在剧烈颤抖的房门。只听他说："不，亲爱的，没什么，一头熊而已。"他自始至终挥着手给路易斯打"嘘"的手势，"这是我妻子的电话！不要开枪，否则她就永远不让我再来了。"

"路易斯，"我说，"你不认为我们应该告诉迈尔斯吗？"

虽然北极熊频繁光顾这座小房子，但它们极少达到破门而入的地步。不过，在8月的一天，路易斯回到家发现，一家北极熊已经成功闯入屋内。母熊先是把窗台啃成了碎片，接着用爪子把玻璃窗捣烂，最后和它的熊崽子一起爬进了屋子。它们花了好几天的时间，试图够到放在加固橱柜里的食物。路易斯给我看了现场一片狼藉的照片：砸碎的家具、玻璃和餐具器皿。他说最令北极熊一家感到遗憾的，是没能打开食品储藏柜，也许因为它们离开太早了，所以这里受损没那么严重。

他翻修了屋子，这一次他使用了3英寸厚的原木护墙板和凹槽螺栓，并在楼下的窗户外侧加装了上锁的金属百叶窗。他在屋顶的边缘和每一处可以攀爬的表面安装了木板条，上面布满了像爪子一样探出的钉子。不过对任何事都百般挑剔的路易斯，在客厅的墙壁上留下了北极熊的爪印。或许它们会提醒他，绝不能有盲目乐观的念头。

我也将此牢记心间，每次去屋外洗漱时，我都会带上一把信号枪——决不冒险。这种做法有点儿像过马路：左看看右看看，然后再通过。虽然"电话熊"并未露面，但我还是很快受到了攻击。北极燕鸥在岛上的栖息地很大，离这间小屋很近，而且燕鸥很注意保护它们的蛋和雏鸟。即使洗漱时我也不得安宁，大喊大叫的燕鸥飞过来撞我的头，所以我把洗脸盆放在一根漂流木上，以最快速度洗漱，同时还要留心北极熊——还要多久水才会结成冰呢？

燕鸥的威慑很有效，但这无疑在向外界宣布它们正在筑巢。绒鸭的策略正好相反：它们静静地待着，相信它们的伪装，而且同样重要的是，它们的身上没有味道。把鸟巢筑在燕鸥的近旁，它们甚至可以获得某种程度的空中防护。但事实也摆在那里：它们必须在地上孵蛋，而且要持续1个月的时间，这段时间要确保不被北极熊发现。接下来的两周里，我将坐在帆布帐篷里，试图拍到绒鸭的真实故事——它们以为没有人注意到它们。说到这个伪装物，它的视角其实非常有限，而且一点儿保护作用都起不到。"电话熊"也许正在监视我——这个想法一直在我的心里挥之不去。

绒鸭的巢在岛上随处可见，甚至就筑在小屋的窗台下，但选出一个拍摄对象却很难，因为我们无法知道什么时候小鸭了会破壳而出。昨天晚上，事情稍有变化。当迈尔斯观察住在这处"虎耳草花园别墅"里的绒鸭时，他注意到其中一枚鸟蛋上出现了细微的裂痕，所以现在我们三个人——迈尔斯、斯泰纳尔和我——正在慢慢向它靠近。它蹲在花团锦簇的鸟巢里，脖子伸得长长的，但把身体压得扁扁的。我们不慌不忙，一边靠近它，一边和它说话："嘿，嘿，别怕我们，我们不会伤害你，留在原地不要动，好妹子，好妹子……"我们一遍又一遍地说着，仿佛它是一个心神不宁的小姑娘。

拍摄筑巢的鸟儿也会遇到生与死的问题。它的宝宝即将诞生在这个寒冷而危险的地方，而它只希望能独自待在这里，不受打扰，但为了拍摄它孵蛋，我要在离它仅仅几米远的地方待上几个小时。如果我把它吓得飞走了，巢里的鸟蛋很快就会变凉，未出世的雏鸟也就死了。这便是我一直努力淡化结果的原因——我们毕竟只是拍电视而已。

我有两点理由认为这一方法会奏效：绒鸭是出了名的自信狂，它们非常相信自己的伪装，而我可以利用我的伪装——大多数动物都不会注意它。我们首先支好金属杆，接着在上面盖上帆布，虽然多年的风吹日晒让它褪了色，但它依然可以让我凭空消失。我钻进去，斯泰纳尔递给我三脚架、摄像机和对讲机，再帮我把拉链拉上，随后便和迈尔斯离开了。通过用丝网遮蔽的观察孔，我可以看到那只绒鸭平卧在巢里。想必它做了巨大的心理斗争，没有以牺牲自己的鸟蛋为代价去寻找新的藏身之处。我默默地感谢它留下来，希望它相信我已经和其他人一起离开了。

阳光照在它的后背上，也穿过伪装帐篷的网眼，变幻成爬行动物鳞片般的图案洒落在小帐篷的内壁上。我静静地坐在里面，看着这只绒鸭。它这会儿的表现有些索然无味，因为它的翅膀和尾巴顺滑地垂到地面上。除了它水汪汪的眼睛上的反光，所有有关它的一切都是模糊的、暗淡的。15 分钟过去了，它完全放松下来，头也伸了出来。

绒鸭生命中的大部分时间都是在大海上或在像这般荒凉的北方海岸线上度过的，夏季风平浪静的日子就是对它们艰苦生活的优待了。我第一次拍摄它们是在 20 年前的苏格兰，和我的未婚妻玛丽·卢一起。我们看着成群的公绒鸭扬起头，充满柔情地鸣叫，由此我们喜欢上了这种动物。作为订婚礼物，我送给她一枚戒指，上面镌刻着一只钻出水面、展翅欲飞的公绒鸭。

1 个月前，绒鸭在这里度过了求偶期，自此以后，这只鲜花丛中的母绒鸭便一直卧在自己的蛋上。在此期间，它见到的北极熊比人多得多。就在昨天，一只北极熊在海岸上留下了足印。小岛周围还有残存的冬日浮冰，它找到了一个给后背挠痒痒的好地方。尚未脱落的毛发已经长得很长，而且竟然变得无色透明，而不是白色。

一种并不熟悉的声音吓了我一跳——石头敲击声。我侧耳聆听，或许是波涛撞击海岸的声音在礁石间回响，但有没有可能是北极熊发怒时弄出的声响，或者仅仅是风声？斯泰纳尔在我身后山坡的某个地方，不过已经超出了我的视线，他负责监视北极熊。我自我安慰，刚才只是虚惊一场，我要通过镜头继续关注这只绒鸭。它相信不会有北极熊过来，并继续它的"孵蛋大计"——一窝卡其色的鸟蛋。

对于几乎每只雌鸟都要面对的问题，鸟蛋是一个绝妙的解决方案：如果宝宝待在母体内，母亲的身体会变得非常沉重而无法飞上蓝天，但如果把宝宝包裹在壳内，母亲可以把它们放在巢里。这种方式的棘手之处在于雏鸟只有在温暖的条件下才能发育，这对将巢筑在北极地区的鸟类来说就尤为困难。即使在 7 月份，这只绒鸭都可能发现它和它的巢会被埋在 8 英寸厚的雪下。针对这一问题的解决方案，正是路易斯将自己的小屋建在这里的理由，也是他地下室里那些值钱的棉包的由来，也是最温暖舒适的床上用品得名于鸭子的原因——鸭绒被。

当我在儿时第一次听说被子里填充的是羽毛的时候，我几乎无法相信自己的耳朵。先是野鸭把它们从自己的胸脯上拔下，之后绒鸭农把它们收集起来：听起来很吸引人但似乎又不像是真的。很多年以后，当我在苏格兰拍摄那些求偶中的绒鸭时，我才看到羽毛是如何被拔下来的。一只绒鸭在石楠属植物间的地表挖出一个光秃秃的巢穴，把蛋下在里面，现在它要为鸟蛋遮风御寒。它把脖子伸得高高的，然后喙部向下翻转，贴在前胸的羽毛上，向上逆向摩擦，仿佛在打磨一把老式的剃刀。神奇的是，片片绒毛从羽毛间轻松飘落。它们几乎没有重量。它把每一根羽毛的头部处理得如同蛋白霜一般蓬松，然后衔在嘴里并仔细地隐藏在身下。1 个小时后，它的巢里已经积攒了足够多能盖住鸟蛋的绒毛。

绒鸭的绒毛是自然界中最好的保温材料。一茶匙蓬松的鸭绒会充满一个茶杯，被困其中的温暖空气可以达到为鸟巢中的鸟蛋保暖或者一个人安卧在鸭绒被下同样的效果。如此优异的保暖性是物有所值的，在日本，最好的鸭绒被可以卖到 30 000 美元。路易斯就是一位绒鸭农，但生活在他的岛上的鸟类都是野生的，能在它们喜欢的地方随意筑巢。他只会收集它们换毛时多余的绒毛，而且保护它们免受捕食者的侵害。自从他来到这座小岛后，绒鸭栖息地的规模已经扩大 1 倍，有 3 000 多座鸟巢。

人们早在 1 000 多年前便开始保护绒鸭，诺森伯兰郡的圣库斯伯特，制定了可能是全世界最早的保护法。或许，他在晚上也是靠鸭绒保暖的。

不过，这只绒鸭现在有些坐立不安，或许它已经感到小宝宝在壳内的异动。如果确实是这样的话，显然它正在把小秘密紧紧地抱在胸前。不过在它委身下蹲的过程中，我瞥见了一枚鸭蛋上的小洞，还没有我的小指甲盖大。这是一只雏鸟的第一扇窗，迎接它的是斯瓦尔巴群岛夏日无尽的阳光和清冽的空气。它向它们打招呼，"咕——咕——咕——"小宝宝们在壳内发出最微弱的应答，如果不仔细听，根本听不到，不过这些声音刚好传入我的小帐篷内。

产房内令人心焦的等待，那种不确定和痛苦，以及孩子出生后多年的依赖让我记忆犹新。这些年幼的绒鸭一定要成长得更快些，不能摇摇摆摆地走在沙滩上，而是越早学会跑越好，同时还要学会游泳、潜水和自己觅食。至少今天是个孵化的好日子：风小了，除了路易斯小屋周围燕鸥的叫声，岛上很安静。依然看不到北极熊的影子。我倚靠在小帐篷的内壁上。我要在这儿待很长时间，当然这和绒鸭的等待根本没有可比性。它已经有 4 周没有吃东西了，而且每隔一两天在仔细盖好鸟蛋之后，才会离开巢穴几分钟，只够外出吞几口雪。

我口袋里就有一簇绒毛。这是今天早上我从一处废弃的鸟巢里捡来的。我刚把它们握在手中，就立刻感受到了温暖——这是我自己的热量，我紧紧握住。我摩挲着绒毛，手指在表面滑动，仿佛在涂抹乳霜。就我所知，路易斯是唯一一位使用电子显微镜研究鸭绒毛特殊构造的人。他说鸭绒毛实际上并无羽茎，但整根纤维上都有鼓包，只不过太小看不到。为了形象地演示鸭绒毛非凡的弹性，他十指相扣并搓动双手，同时避免指关节相互滑动。我在梳理绒毛时，也有同样的感觉。它起初能抵抗拉力，后被拉伸，接着裂开并发出类似拉开尼龙搭扣的撕扯声。

我能感受到羽毛里藏着的细小的疙瘩。我将一根羽毛缠在指尖，一粒虎耳草种子的颗粒像穿透迷雾似的露出头来。挑出种子和细枝是一种颇为奇妙的抚平思绪、消磨时间的方式，20分钟后，我甚至发现了更为细小的颗粒物，这种感觉，就像公主在很多层褥子下发现了一粒豌豆。毫无疑问，她也睡在鸭绒被下。

我渐渐感觉不到时间的流逝了，但当太阳扫过四分之一的天空时，绒鸭开始变得焦躁不安，不断挥动翅膀并发出类似在昂贵的纸页上书写时的沙沙声。它反复站立、坐下，频率越来越快，还伴随有破碎声。或许它正帮助雏鸭破壳而出。它的肋部开始抽搐，和我妻子生宝宝时的表现无异。两个黑黑的小脑袋出现了，短小的脖颈摇摇晃晃，接着一个趔趄，又摔回巢内。母鸭弓起身子，用翅膀为它们搭起帐篷，虽然雏鸟在尝试着挣脱庇护，但母鸭此时不合时宜地打起瞌睡。它知道它们还没有出去闯荡的资本。

我睁开眼睛，看到这只绒鸭，才意识到自己也在打瞌睡。北极熊随时可能光顾，所以这不是什么好状态，不过在半睡半醒之间，没有发生任何变化，真的一切照旧：毕竟我刚才也闭着眼睛"观察"绒鸭。一只贼鸥从低空飞过，绒鸭浑身一激灵。那家伙会在转瞬之间吞下小鸭子，但它的伪装发挥了作用，贼鸥飞走了，什么都没觉察到。

几个小时后，一只小鸭子从母鸭的尾部爬出来，跌跌撞撞地绕着鸟巢转了半圈后消失在羽翼下。母鸭站起身，4只毛茸茸的小鸭子也跟着站起来，细嫩的黑脚蹼支撑着摇摇晃晃的身体。它们啄食巢边的小花，爬到母鸭的背上

"打滑梯"，挥动稚嫩的小翅膀，协调能力有了明显进步。母鸭重新罩住它们。天气转凉，雾气也上来了。我用对讲机小声地呼叫迈尔斯和斯泰纳尔。他们说我们已经在此蹲守了 14 个小时，既然鸭子们开始安心睡觉，我们也决定休息一下，吃点儿热饭。斯泰纳尔拉开小帐篷的拉链时，我正仰面瘫倒在地上。迈尔斯说我活像一只大甲虫。

当我们返回小帐篷的时候，周围弥漫着浓雾。我们只能看到灰蒙蒙的形状，但的确有什么东西正在巢边活动。迈尔斯在电话中呼叫："它们出来了。"它们正在朝海边飞奔，但一切都太迟了，雾太大，我们根本拍不到母鸭和它的小鸭子。一共有 5 只小鸭子。应该有一枚鸟蛋孵出较晚，难怪母鸭等这么长时间呢。

我们心中五味杂陈，既有失望也有释怀：尽管我待在附近或多或少给它们带来了影响，但我非常希望它们整个过程顺顺利利，不过我们不得不尝试拍摄另一家绒鸭回归大海的镜头了。

随着时间流逝，空鸟巢越来越多，寻找另一只抱窝的绒鸭让我们大费周章。就在我们找到了一个合适的拍摄对象时，对讲机中传来"电话熊"现身的消息。

它从海里爬上岸，毛发紧贴身体，并像狗一样抖动身体。它的鼻子开始嗅探并径直朝小帐篷方向走过来，不过我们正在远处观察它。当它还在海中游泳时，斯泰纳尔就发现了它，并用手中的对讲机通知我们："快，快，快，快出来！来了一头北极熊。"我们都跑回了小屋。

"电话熊"对我的小帐篷表现出不一般的兴趣。它从后面悄悄地摸到帐篷前面，用口鼻从下往上拱拉链。

"如果你还在帐篷里，现在应该有好戏看了。"

它绕着小帐篷检查一番，接着立起后肢，两条前肢搭在小帐篷上面。小帐篷瞬间垮塌，好似纸糊的一样。

这头熊一直在这些小岛间转悠，不慌不忙地寻找鸟巢。在把我的小帐篷夷为平地之后，它进入了一片燕鸥的栖息地，耳边都是鸟儿的骚动之声。燕鸥把它的口鼻部啄出了血，它有些畏缩，不过也只是避开它们的锋芒，转而踩踏它们的雏鸟，接着俯下身吞食这些毛茸茸的"小点心"。当它逼近绒鸭的鸟巢时，我屏住了呼吸。虽然几无可能直接看到母鸭，但北极熊有非常灵敏的鼻子。

我们应该把它吓跑吗？斯泰纳尔已经把信号枪握在手里准备出手搅局了，但这样做是对还是错呢？这是和野生动物摄影一样古老的问题。如果是我们的出现让绒鸭的生存条件恶化，那么由我们负责恢复平衡是有道理的，但我们并未做错什么，而且北极熊需要吃饭，因此我们必须让这个场景继续下去。

它抬起头，来回晃动并嗅探风中的味道，接着继续前进。绒鸭猛地从巢中腾空而起，呼啦啦带起一堆棕色的羽毛。北极熊用爪子轻轻掀开巢内的绒毛，取出一枚鸟蛋。蛋壳破裂。一只雏鸭掉到海滩上。熊吃掉了它并以同样的动作吃掉了其他几只雏鸭。那只绒鸭在海边远远地看着：这一刻它失去了一个月的心血，一整年它都不会有后代了。如果这头熊晚一天过来，它们或许可以幸免于难。

北极熊穿过燕鸥的巢穴，朝小屋走过来，最后一个绒鸭的巢穴位于窗台下面。我能看到绒鸭依然蹲伏在那里。它的小心脏一定在怦怦直跳，但它现在依然稳如磐石。我很想帮它，但我必须拍摄这头北极熊。整个取景框中只有它那双大脚，接着它的口鼻挤了进来。这是迄今为止我距离北极熊最近的一次，它的脚重重地踏在地上，它径直朝我们和正在抱窝的绒鸭走过来。

面对此情此景，我们是否应该做点什么呢？斯泰纳尔可不会想这种只有制片人才会考虑的细节。他是负责保护我们安全的，他突然决定"电话熊"不能再靠近了。他朝大海方向打了一发信号弹，让它知道我们在这儿。信号弹响亮的爆炸声让扛着摄像机的我和北极熊都吓了一跳。它转过身，沿着来路逃走了。绒鸭一家大难不死。

今天晚上会来一艘船把我们接走，因此小屋旁的这个鸟巢便成了我们最后的希望，但我们并不知道它的蛋能否孵出来。大家撤回屋内，我透过窗户观察这只母绒鸭。它的身形隆起，与其他绒鸭在自己的鸟蛋破壳时的动作一样。接着从它的翅膀下钻出一只小鸭子——一共2只。它们的身体已经干爽，浑身毛茸茸的。只剩下4个小时了，迈尔斯和我搭起此前被压扁的小帐篷，再次开始拍摄。我在等待，也在观察鸟巢，而迈尔斯和斯泰纳尔把其他器材打包并把箱子搬到海边。这只绒鸭或许有些害羞，它要带领它的家庭离开这里，而在小屋周围又有这么多动静，不过至少它明白那只北极熊不太可能回来了。这几个小时里，它在巢内上下折腾，小鸭子在它的身下蠕动，终于它似乎下定决心了。它迈出巢穴走了两步，确认小鸭子们都尾随出来之后便出发了。它们穿行在岩石间，翻上翻下，小鸭子们小跑着跟在后面，几乎前脚贴着后脚。几分钟后，它们到达了水边，它停下来小啜一口，并引领它们进入水中。小鸭子们立刻漂浮在水面上，随着它们的妈妈从一簇海藻中啄取食物，它们一家终于开始进食了。

这就是迈尔斯想拍摄的北极之夏的最后片段。当世界上最强悍的陆地捕食者都已饥不择食的时候，一只母绒鸭凭借着英雄般的献身精神，带领幼鸟安然度过了危险期。

## 北极熊觅食鸟蛋的最新消息

　　在我们拍摄完筑巢的绒鸭和"电话熊"之后，路易斯便停止了鸭绒生意。很难证明斯瓦尔巴群岛的北极熊正在吃掉更多的鸟蛋或幼鸟——它们的适应性和几乎什么都吃的意愿意味着它们可能一直都是这么做的——但在海冰逐渐减少的大背景下，这种完整积聚于一把鸟蛋中的能量想必是特受欢迎的。

　　近年来，加拿大科研人员的研究显示，随着哈得孙湾冰层的融化和破裂，北极熊上岸的时间越来越早，这使得它们与筑巢的雪雁产生了联系。根据记载，在 4 天时间里，1 头北极熊吃掉了 1 000 多枚鸟蛋，相当于摄入约 250 000 卡路里的热量。仅仅 88 枚雪雁蛋的热值就相当于吃掉 1 只海豹。它们也吃鸟。在一个栖息地，科学家观察到好几头北极熊捕猎不会飞的幼鸟。

　　北极熊夏季觅食期与雪雁最脆弱阶段的逐渐重叠，是否会遏制增速过快的雪雁种群？现在下结论还为时过早。科研人员谨慎地指出，虽然额外增加的食物会让某些饥饿的北极熊受益匪浅，但这种情况无法弥补海冰长期减少所带来的影响——丧失捕猎海豹的机会。

比例尺（千米）

0  10  20  30

阿库坦峰▲
1303 米

阿库坦岛

阿库坦定居点

阿昆岛

鲁托克岛

阿瓦塔纳克岛

荷兰港

乌纳拉斯卡岛

乌纳尔加岛

谢母卡岛

"阿丽莎小姐号" 航行线路

阿留申群岛
——阿拉斯加

俄罗斯

北极圈

西伯利亚

美国

阿拉斯加

白令海

阿留申群岛

主图区域

# 10

## 鸟群和巨鲸共赴盛宴

　　虽然斯瓦尔巴群岛的许多北极熊还在拼命到陆地上填饱肚子，但北部海洋上的某些区域已经在夏天变得生机勃勃。阿留申群岛周边水域，存在世界上最大规模的野生动物聚集现象。这些错综复杂的捕食现象辐射面积广大，也许你以为很容易就能找到，但它们都发生在远离海岸的地方，那里也是世界上最荒蛮的地区之一，所以为《冰冻星球》拍摄这部分内容，是我迄今为止完成过的最困难的任务之一。

　　我们船长的名字，就印在他的咖啡杯上，上面写着"吉默——美洲维京人"。他的先辈有丹麦人和冰岛人，同时也有阿留申人、俄罗斯人、爱尔兰人和苏格兰人。有关这些岛屿的历史和一拨又一拨探险家，他说得头头是道。

　　从阿拉斯加一直到俄罗斯，阿留申岛链绵延将近 2 000 千米。这些岛屿以变化无常的潮汐、浓雾，尤其是风暴著称。不太为人所知的是，这里是冷、温海水交汇的地方，因而有着自然界最为壮观的捕食盛宴之一。当来自太平洋的洋流遇到来自北冰洋的海水时，营养物质会被带到水体上部，刺激浮游生物的生长，它们进而成为包括座头鲸在内的很多野生动物的食物。这些洋流和海面之上大规模的空气流动，酝酿出频繁的风暴，从俄罗斯沿岛链向东运动。人类也是沿这一路径拓展空间的——岛上的社区依然保留着独具特色、带有洋葱形尖顶的俄罗斯东正教堂。俄罗斯人受到此地丰富的海獭资源的诱惑：它们的毛发如此之厚，以至于隔着这层毛发，你根本不可能用手指触及皮肤。这种毛皮价值连城，但俄罗斯人自己并不去捕捉海獭，而是交给土著阿留申人去做。阿留申人已经在此生活了数千年，拥有娴熟的狩猎本领，他们驾驶一种叫作"比达卡"的皮制独木舟，身穿海豹肠肚制作的防水服。

所有到这些岛上冒险的人都魄力十足，他们也面临同样的问题：不管他们是阿留申人的祖先——从亚洲沿着一座座岛屿跳到美洲，还是维图斯·白令——代表沙皇俄国探险阿留申群岛的丹麦人，他们来时都无法确认远方的地平线上或浓雾中会有什么。这也是座头鲸需要面对的问题，亦是我们的困扰。

白令用圣人的名字给自己的两艘船命名，但这些天我们发现，在阿留申群岛的主要城镇荷兰港，所有小船都以主人情人的名字命名。吉默的小船就叫"阿丽莎小姐号"。他告诉我们，他在一次潜水期间用一块石板向阿丽莎小姐求婚。他用一根束带线将一枚订婚戒指绑在石板上，石板上还写了他的求婚词。读了他的求婚词之后，阿丽莎转身发现吉默正单膝跪在海床上。这艘与她同名的渔船有 13 米长，只是稍小于一头座头鲸的长度。

我在电视上看到过，像吉默这样的渔民会在冬季从白令海上捕捞巨大的帝王蟹。现在捕蟹船都停在泊位上，原本装在船上的洗衣机大小的容器成排地堆在码头上，但荷兰港常年还有装运大量鳕鱼的轮船停靠卸货，鳕鱼是美国最大宗的水产品。在冬季，渔船有时会在海冰的重压下倾覆，船上的人就会落水失踪，吉默的妹夫便遭此不幸。

这里是荒野边疆，在此谋生需要承担巨大的风险。当然，如果你能在适当的时刻，出现在适当的地点，回报也会是巨大的，这正是我们在出航时希望能发生的。

　　我们花了好几天改造吉默的船，现在，一架增稳摄像机已经安装在"阿丽莎小姐号"的船首。吉默请求我们不要用钻孔的方式固定摄像机，所以这台价值超过 30 万英镑的摄像机只能粘在甲板上。这台摄像机的主人戴夫，需要时刻关注胶水的质量。在如此恶劣的海况下，它能坚持多长时间依然有待观察。一套增稳三脚架头也被固定在舵手舱的顶上，供我的摄像机使用。如果我们发现自己陷入了鲸群的包围圈，这套三脚架头还可以搬到特别加强过的橡皮艇上。完成这些工作花费的时间比原计划要长，不过这一状况对我们并无实际影响，因为所有飞往荷兰港的航班均因大雾停飞，我们大部分摄影器材还滞留在安克雷奇。

　　等到云开雾散，空中交通恢复，我和助手汤姆前往那座迷你机场，提取延期到达的行李并迎接最后两位团队成员：鲸类科学家史蒂夫和监控鳕鱼捕捞船的观察员杰丝。杰丝这次利用业余时间充当我们的观测手。

　　城里满大街都是男性渔民，大多数加工厂的工人也都是男性。作为唯一的女人，杰丝给我们讲述了随那些有着颇具男性气概名字的渔船冒险的经历——比如"海狼号"和"无畏号"。在一次航行中，一位船长向她提出了只有渔民才想得到的约会提议："换换诱饵，到不同的渔场试试。"生活在海上充满了惊奇：她曾在另一条船上发现一只管鼻鹱躺在甲板上，像船舱里的鱼一样冻僵了。等凿下它身上的冰块之后，它居然还活着。

　　查登是 BBC 的助理制片人，负责本次拍摄任务。他决定一旦在船上拍摄到足够的素材，戴夫就携带那架增稳摄像机转移到直升机上继续拍摄。尽管在浓雾笼罩之下，飞行员不被允许飞到海上，但考虑到直升机得从内陆飞到这里，所以我们都明白这是一个野心勃勃的计划。我们也不知道鲸会聚集在哪片水域，但我们有 1 个月的时间去寻找它们。

　　为了庆祝此次拍摄终于能够开始，我们吃了一顿中餐，用餐结束时每人都吃了一块福饼。我的那块福饼内藏的纸条上写着："量入为出，节俭是福。"我开玩笑地把它递给查登看，他也给我看他的纸条："你下周的幸运色是绿色。"或许没那么幸运，因为广播预测有强风和 5 米的海浪。我估计用于拍摄的橡皮艇都没有那么长。我们希望在阿留申群岛拍摄一场风暴，但我们的风暴有所不同：由鲸和鸟类形成的鲜活的飓风。

当吉默带领我们乘"阿丽莎小姐号"出海寻鲸时，他说白令海只有两种状态：要么"静如死水"，要么"必死无疑"。当我们把陆地甩在身后时，我们便理解了其中一种状态的含义。广袤的大海蕴藏着无尽的能量，似乎吉默的"静如死水"状态只是瞎说而已。随后浓雾聚集，遮蔽了地平线。

18 世纪 40 年代，白令也遇到了同样的问题。正是因为大雾，他与整个群岛擦肩而过。参与那次探险的博物学家格奥尔格·斯特拉辨认出了绝不会远离大陆飞行的鸟类，并就此推断岛屿肯定隐藏在附近，但彼时的白令身染重病，而俄罗斯的水手们也无视斯特拉的建议：一个博物学家教我们航海，开玩笑呢？结果探险船很快发现了陆地，年仅 33 岁的斯特拉成为第一位踏上阿拉斯加的科学家。他这样写道："我已经深深爱上了大自然。"他在那里发现的好几种动物都是新物种，时至今日，它们的名称中依然保留着他的名字。

这次随我们探险的生物学家史蒂夫同样热爱大自然。他留着络腮胡子，人很机警，是一位卓越的鲸观测手。他经常站在船头，手抓十字弩，很像当代的亚哈船长，唯一不同的是他喜欢用这件武器帮助鲸。他获得了接近它们的特别许可，并与吉默密切配合，以确保它们不会受到这条船的干扰。史蒂夫也获得授权，可以使用中空的弩箭收集少量皮肤样本，他还会在鲸潜水时拍下其尾部独具特色的图案。

座头鲸可以活 100 年，但它们几乎被捕鲸业斩尽杀绝：当禁止捕鲸的规定在 20 世纪 60 年代颁布时，太平洋中仅剩下 1 400 头座头鲸。尽管它们繁殖的速度非常缓慢，但它们的种群数量在逐渐恢复。目前有大约 20 000 头座头鲸，其中超过三分之一可以通过尾部的 ID 照片识别。通过比对在其迁徙路径两端拍摄的照片，科学家发现大多数在阿拉斯加沿海活动的鲸会游到夏威夷越冬并产崽。有一些鲸甚至会拖着来自阿拉斯加的捕蟹工具出现在那里（史蒂夫有一项工作便是让不幸"枷锁缠身"的鲸重获自由），但阿留申群岛的座头鲸略有不同，大多数到了冬季就消失了，所以史蒂夫希望在此次行程中收集鲸类的皮肤样本，以帮助追踪它们的越冬地——太平洋东北部广阔洋面的某个地方。

与上述范围相比，我们正在搜索的海域就非常狭小了，但即使在这里，也很难找到鲸。我们在海上花费了一些时间，试图预测它们的藏身地点。

吉默心无旁骛地盯着回声探深仪，这台仪器正在标绘 50 英寻[1] 深的海底。戴夫和查登亲自守在舵手舱内的监视器前，我在舱顶上操作另一架摄像机，而史蒂夫、杰丝和汤姆负责搜寻鲸，并在我们需要橡皮艇时充当船员。此时此刻，由于雾气浓重，我们的视线严重受阻，甚至都不敢说我们正在前进。吉默的仪器显示，"阿丽莎小姐号"正沿着一个浅滩的边缘前进。在船行驶的过程中，海水裹挟着养料涌动起来。这处浅滩处在一条繁忙的航道上，一艘航速达 20 节[2] 的集装箱巨轮出现在雷达上，离我们很近，它的目的地是亚洲。由于浓雾的遮挡，我们甚至看不到它经过。当我们进入它的尾迹时，吉默指着船边一条浮货带说："它代表了潮汐的边缘。"

洋流在这里交汇。这是一个好苗头：此地可能富集磷虾。镜头里的海水中充斥着细小的颗粒，就像岩石上的云母斑点。大海开始爆发，有大量磷虾

---

1　1 英寻约合 1.83 米。

2　每小时 1 节约合每小时 1.85 千米。

正在我们下方游动。我们急忙往水中放橡皮艇，并把摄像机往橡皮艇上转移，摄像机在防水盖布下有些打滑。

汤姆问："如果它掉到海里，这得糟蹋多少钱啊？"

"你不希望知道。"

增稳三脚架头恢复了活力，发出怪异的机械声响：权当对这种海况喋喋不休的独白吧。"阿丽莎小姐号"慢慢"倒车"。我向水中张望，像粉色谷粒的生物也在回望这边。它们兜着圈子游动，并随着它们黑色圆眼睛的左右摇摆快速改变前进方向。一想到地球上最大的动物竟然以这些渺小的磷虾为食，一种异样的感觉在心头涌动。它们的数量弥补了体形的不足：磷虾从来不是按个体计数，而是以亿吨计。在我们探险船周围的海水中，可能每立方米就有 60 000 只磷虾。

海面已经沸腾。类似冰雹撞击大海的声音传进我的耳朵里，这是鲱鱼，我这辈子也没在一个地方见过这么多的鱼。当它们从下层升上来攫食磷虾时，海水中闪烁着银色和青铜色的光芒，它们用自己的身体改变了大海的质感并占据了巨大的水面——它们在同时进食。它们的数量如此之多，我们在空气中都能嗅到它们。

一片神秘的荧光绿出现在我们小船的下方。那是一头巨鲸的胸鳍，越来越大，慢慢浮到海面上。现在这头鲸就在我们旁边，它黝黑的表面就像一座小岛。它的两个鼻孔张开，微微颤抖着，每个都有我的头那么大。它喷出的水沫远远高过我们的小船，一股油腻的水雾吹到我的脸上：这是鲸的气息，但这个味道令人厌恶。越来越多的鲸浮出水面，总共有 20 头座头鲸在我们周围悠然自得地觅食。鲸拥有潜水艇般的巨大身躯和深龙骨船的特征，海上的波浪很难撼动它。它们是迄今为止我近距离观察到的最大的动物，它们尾巴的宽度超过了我们橡皮艇的长度，每头鲸都有三四十吨重。一头鲸高高扬起庞大的胸鳍，反衬出我们的渺小。

"史蒂夫，你能让船稍稍转动一下吗？"

摄像机挡住了我一侧的视野，在史蒂夫调整小船的姿态时，汤姆过来帮忙。他曾经从事与鲸有关的工作，他说："船首两头，船尾附近三头，它们都在朝右侧游动。"

我希望它们知道我们在这里。在我从镜头里捕捉到它们的身影之前，这些鲸一直在水里上下翻滚，但接着一头鲸张开血盆大口，朝我们这边直扑过来。它的大嘴一边摇晃一边张大，灌进去足有 3 吨海水，我拍到了它的喉咙深处，窥探到幽深的"水帘洞"。带有褶皱的沟槽出现了：它们是深色皮肤上的白线，很像火山背面雪沟的形状。令人吃惊的是，鲸的口腔顶部呈粉色。僵硬的鲸须慢慢闭合并绷紧，在舌头的协助下，将水从缝隙挤出：过滤食物，把磷虾和鲱鱼留下。随着身体下落，它的背部出现一道上升曲线，坚韧的隆起物映入我们眼帘，一闪而过的还有白色星辰状的藤壶。疙疙瘩瘩的脊柱向下弯曲，尾部又翘起来，仿佛海面上漂浮着一只黑色的红酒杯。

座头鲸在热带繁殖地并不进食，因此它们在这里摄入的能量要维持一整年。它们经过长途旅行赶回来是坚信这片海域充满了食物，尤其是磷虾。磷虾在全世界的海洋里都有分布，但它们在夏天游向极地地区时能达到惊人的数量，长时间的日照让作为它们食物的浮游植物蓬勃生长。高峰期，数量庞大的磷虾种群超过全部人类的重量。

和鲸一样，我们也是远道而来，但没有哪一位来到最北方只是为了这场盛宴。以此为目标的是一种叫短尾海鸥的海鸟。成群结队的短尾海鸥朝着同一个方向，从我们头顶飞过。它们的喙部修长，子弹形状的身体呈巧克力色。这些鸟笔直地张开翅膀，在空中上下划动，恍如十字架。鸟群在空中形成了深色的波浪，它们在寻找磷虾。为了拍摄它们的进宴过程，我们要搞清楚它们的去处。你会以为如果不是这片海域浓雾缭绕，找到几十万只鸟并不在话下。其实它们比我们敏捷得多，在灰暗的背景下，我们很快就会跟丢目标。

在荷兰港近海巡游数日之后，我们认识到自己对磷虾聚集何处以及何时聚集了解得并不充分，所以我们也无法预测鲸和海鸥究竟在何处觅食。查登决定进一步东扩搜索范围，吉默曾经在阿库坦岛周围看到过很多短尾海鸥。如果我们赶对了潮汐，这趟行程只有 5 个小时，一如往常，那里的海面绝非"静如死水"。可是等待天气好转就意味着错过潮汐，同时，由于顶风和进入流速达 8 节的洋流之中，行程将会延长，所以我们鼓足勇气，即时出发了。我们每次跌入波谷，蓝绿色的海水便挡住远处的地平线，娇小的须海雀成群地从高过头顶的海平面腾空而起，它们的翅膀呼呼作响，仿佛它们并未注意到水天之间的转换。在整趟行程中，我们只见到了一头鲸。

在阿库坦岛上唯一的村子里，木制步道代替了马路，沙滩车代替了小汽车。这里居住着 75 个人，他们的房屋都涂上了鲜艳的颜色，但村子里非常安静。似乎每个人都在鱼类食品加工厂工作，其前身是一座弥漫着鳕鱼味的捕鲸站。离厂房再近些，我们就能闻到烟熏三文鱼的味道。我们没地方可去，不过学校正在放假，校长说我们可以暂时把学校当成家。我在体育馆的防撞海绵垫上展开睡袋，周围堆放着健身器材和哑铃。墙上的一幅标语让我备受鼓舞："态度是心灵的画笔，它为每一种心境增色添彩。"

在走廊上，我们可以看到用真正画笔绘制的作品：孩子们画了一幅很大的图画，是展现这座岛屿的，上面还贴上了整齐的标签。画面中心有一座火山，山坡上可以看到冰川，海面上则是冰山。水中还画着很多鲸。

次日凌晨，我们早早出发，很快遇到一群北海狮在争先恐后地往一块礁石上爬。从船上可以看到山坡上有一处断崖，它形成于 20 年前，是阿库坦岛的火山熔岩入海时留下的。阿留申群岛有近 60 座火山，其中大约一半是活火山。村子里的人对此已熟视无睹，但今天早上很特别：我很想知道海狮是否感受到了它们的小岛在摇动，反正我们在阿库坦岛上感受到了。一共发生了两次大的震动，仿佛一辆卡车倒车时撞到了墙上或者某个大胖子在地板上跳了两次。学校里动静很大，门窗和体育馆里的重物嘎嘎作响，但谢天谢地，这只是一次地震，不是火山喷发。我们跑到外面，并与吉默联系上。他待在自己的船上，地震时他正站在船舷撒尿。他说有一次，尽管地动山摇，但海上依然风平浪静。

这一次，我们航行到大海深处。西面云水相接，而海面看上去像一件青灰色的托盘。回声测探仪显示我们正位于另一处浅水区域。有一只正在酣睡的毛皮海豹，比海狮小一些，也瘦削一些，正在海面上漂浮，但保持脚趾和口鼻露出水面。它身体猛地一颤，突然醒了过来，它的耳朵像一截铅笔头，醒目地向侧方伸出。在其周围的海水中，鲱鱼银鳞翻滚，似雪片飘落。我们刚刚错过了一个大场面。

薄饼状的标志出现在海上，先是在船的一侧，接着是另一侧，这表明鲸在深处潜水，它的尾巴从我们的船下扫过。似乎有一群磷虾升至水面，有鲱鱼从下面袭击它们，后面还跟着鲸，不过鲸旋即潜入深水中。还有短尾海鸥漂浮在海上，像母鸡一样啄食，专注地用细如枯枝的喙部捡拾落单的磷虾。它们小声地叽叽喳喳，直到船几乎行至头顶才飞起来，并在气泡爆裂声中疾速飞开。其中一些吃得太饱，在起飞之前还要忍受食物回涌，我们能稀稀落落地听到响亮的呕吐声。

在脱离第一波浪头之后，它们借助风力向上攀升，接着顺风转弯获取速度，进而顺势飞向下一波浪头，一切重新开始。它们仿佛在航行，利弊也相似：像一艘快艇却几乎不能直线行驶，但它们又可以自如地行进。短尾海鸥正是这样完成世界上最伟大的一场迁徙的，靠模仿波浪的形状、运动和节奏，从太平洋的一端飞到另一端。查登说，它们在阿留申群岛周围聚集引来的海鸟比世界上其他地方都多得多，但每次聚集持续的时间仅仅与磷虾靠近海面的时间一样长。磷虾下一次可能在几英里远的地方浮上水面。短尾海鸥和座头鲸需要估计出那个位置，我们也是。

两头鲸浮出水面，吹起的水柱仿佛苍白的大树。它们是一对母子。母鲸的呼气伴随着像巨型巴音管发出的细而尖的音调，紧接着吸气时又传过来低沉、粗鄙的啸叫。它开始下潜，身体两侧海水激荡，仿佛雨水冲刷着蓝灰色的山坡。幼鲸吸气的声调更高、更急促，"等等我！"当它们下潜的时候，史蒂夫拍下了它们的尾巴：为鲸数据库又增加了两张照片。

海风又起，吹皱了海面。现在有更多的鲸在我们周围游弋，硕大的胸鳍抽打着海面泛起白沫。一声尾鳍击水如同枪弹出膛，接着一头座头鲸玩起了鲸跃。时间仿佛定格一般，巨大的身躯悬在半空，大得超乎想象，接着身体一扭，侧翻并后仰入水。难以想象的冲击波让海面出现一个大水坑，而后伴随着瞬间的崩坍传来沉闷的雷声。激浪汹涌，水花四溅，伴着巨鲸身体置换出的海水，海面再度爆发。在空气被拍入水中的地方，海水的颜色变成了浅绿色，周围的海面却很平静，仿佛被吓呆了。我很庆幸我们没有待在橡皮艇上。

"每当大海躁动不安的时候，它们便会出来表演大约 1 个小时，"史蒂夫说，"不过，没人知道原因。"

等鲸停止了表演，我已拍摄到一些水花飞溅的宏大场景。其中一个鲸跃让我耿耿于怀：鲸离我们的船非常近，在取景器里可以完美捕捉到它的身影，但镜头被桅杆挡住了。对这样的镜头，我只能忍痛割爱。你能从渔民的口中听到这样的故事，他们还会尽力伸长胳膊比画说："它有这么大！"

杰丝告诉我们，她的男朋友在荷兰港一条拖网渔船上工作，有一天在值班的时候，他遇到一头座头鲸从船桥的窗户旁游过，那种恢宏的气势让人瞠目结舌。"震撼。"她说，这个词用在座头鲸身上真是无比贴切。

大家悬着的心都放了下来，尤其是戴夫，整个拍摄过程中胶水的表现都很出色。他拍到了足够多的鲸，也该带着他的高级摄像机上岸了，而且如果直升机能够穿透浓雾，在荷兰港接上他，他就可以在空中继续拍摄。到目前为止，海上的中浪一直让我很难操作其他摄像机。三脚架的陀螺仪可以弥补波浪运动造成的影响，使之保持垂直，但当"阿丽莎小姐号"穿过更大的涌浪区时，我们的船似乎在围着固定的摄像机跳舞，而且摄像机经常磕到我的眼睛。长焦镜头不能用来拍摄鲸或飞翔的海鸥，除非我能预料到海洋的运动，而且如果确实找到了一处海洋生物大规模聚集的地点，我们只有一次成功拍摄的机会。我知道除非我能自动顺应船的回旋，并且完美匹配这架僵硬的摄像机，否则我必定错过那千载难逢的场面，于是我在航行过程中坚持练习：在使用取景器的同时屈膝，并以臀部为支点自然摆动，轻触三脚架，力道要保持在既能灵活操纵云台，又不能抓得太死的分寸上。这种感觉就像一只眼使用望远镜，另一只眼还要盯着一大锅需要搅动的麦片粥。到了晚上，当我在体育馆里躺下的时候，睡袋下面的海绵垫像吊床一样猛烈摇晃，摇着我入眠。

　　在拖网渔船上，巨量的鳕鱼从网中倾倒到船舱里，新来的渔民努力加快去除鱼内脏的速度，老手告诉他们，一旦"心中有梦"，就会适应了，但拒绝做进一步解释，只是说，"当你们拥有了它，你们就会知道了"。在海上摸爬滚打两周多，一天早上，我从一个梦中醒来：我透过长焦镜头平稳地跟踪短尾海鸥，自然而然地响应脚下船体的移动，我发现很容易做到摄像机和眼睛的完美配合。我已经"心中有梦"了。自此以后，大海的恒久运动成为常态，我反而很难想象没有它的生活。

　　在遥远的地平线上，升起一道波浪，但它不是由水构成的。成千上万的黑色斑点形成一道弧线。在弧线的顶部，它们开始倾斜，向下涌动，切入海平面以下，面对下一道波浪做重复运动。在第二次世界大战期间，短尾海鸥聚集成巨大的鸟群，被美军雷达发现，美国海军把它们当成了日本人的军舰，遂开始炮击。令人遗憾的是，它们并未出现在吉默的现代仪器上，否则我们的工作将会简单些。

短尾海鸥有一种最不寻常的习性刚刚被探明。虽然几乎每一种候鸟都是飞到北方筑巢，但这种鸟类恰恰相反。在北半球进入冬季后，它们把巢筑在南半球的澳大利亚及周边地区，而非繁殖季节却在阿留申群岛度过，而且跟着鲸类"赴宴"。能够与鲸分一杯羹的鸟类少之又少，要么是那些留在阿留申群岛坚守冬季的，要么是可以应付漫长往返旅程的。对于人类探险者而言，是否能够在这趟行程中生存下来都是个问题。白令对阿留申群岛的探索终止于1741年——他死于归途。

经过3周的反复尝试，虽然深受浓雾、潮汐、风和中浪的影响，但我们还是开始了解短尾海鸥的某些局限：风的强度和风向对海鸥飞行的影响程度，潮汐对上升流的影响程度——上升流为磷虾群提供养料并将它们推升至鸟类的下潜范围内。短尾海鸥和鲸，努力找到这些上升流最有可能出现的地方：近海浅滩和岛屿之间狭窄的水道。在这些地方，上涨潮水的流动速度最快。但岛屿复杂的形状意味着潮汐变化无常：某些天可能有3次高潮，但没有退潮。

当我们对下一个拍摄地点犹豫不决时，吉默的一位朋友在电台中要我们尽快赶过去。他正在一处水道中捕捞大比目鱼，此地水流湍急，他说他已经被正在进食的鸟儿包围了。他距离我们有几个小时的航程，即使我们现在出发，在我们到达之前，高潮也应该早就已过去了，但吉默说，在接下来的几天里，潮位会一直上涨，所以我们可以明天到那条水道碰碰运气。我们告诫自己不要太过激动，因为类似的希望曾经出现过，但最终都是空欢喜一场：我们起起落落的心情，就像躁动的大海里起伏的波涛。

北极海鹦在我们前面玩命地飞奔，不过它们与我家乡的海鹦有所不同。它们通体黑色，脸部洁白，有着橙色的脚和喙。有柠檬色的鸟类从它们的头顶飞过，那是簇绒海鹦，又叫花魁鸟。鼠海豚从我们的船头疾速跃过，很像会呼吸的黑白两色的鱼雷，每当此时我们都屏住呼吸。为了赶到那位渔民朋友的地点，"阿丽莎小姐号"首先要面对的是阿库坦岛附近湍急的潮流。今天早上，虽然船的最高速度只有 9 节，但我们顺风顺水，竟然以 15 节的航速快速前进。在我们周围，油腻腻的上升流让旋涡发生扭曲，并从旋涡的中心喷涌而出。我们刚进入一片清澈的海域，大海立刻又狂怒起来，骤起的浪头泛着白沫。浓重的雾气让这里变得怪异而可怕，我们不知道在朝哪里行进，而大海越来越暴戾。水中出现了大洞，不是波谷而是空腔。我们都在坚持，直视前方，渴望破解大自然的奥秘。或许这也是白令靠近这些未知海岸时在心中萌生的疑惑。谢天谢地，现在的吉默有雷达可用。

从白令的时代开始，已经有很多人把自己的名字留在了这些岛屿上，而且有时远远不限于此——海岬和海湾都以在此失事的船只命名。到目前为止，我们经过了四处生锈的警示物，顺着吉默手指的方向，我们在一座矮墩墩的灯塔旁看到了一条冲上岩石的渔船：当时其他人都睡着了，船上最年轻的船员接到的命令是朝着灯光开。今天我们还经过了一艘失事船只的残骸，甚至吉默都不知道它在那里。

"我猜他们是在转弯时翻沉的。"他说。只能在船尾上看到船号——"丽莎·乔"，不管是妻子还是女友，现在应该比较老了。我希望她出海的家人能够平安到家。

浓雾散去，几周来我们第一次见到了蓝天。无数的短尾海鸥在船的周围腾空而起，动作整齐划一，双脚离开海面的声音就像溪水在石头上流淌。天上是成排的海鸥，海上是我们的船和一头鲸，我们都沿着同一个方向前进——此番奇景，绝无仅有。前方的海面似乎被黑烟笼罩：一个巨大的鸟群正在聚集，仿佛成团的蜜蜂。潮流已经转向，吉默开始加速。我们必须尽快赶到那里。在空中鸟群下方的海面上，短尾海鸥拥挤在一起，就像布丁上的小葡萄干。它们想必已经发现了数量巨大的磷虾，其中一些已经吃饱，准备飞走。缓缓浮出水面的巨鲸驱散它们，场面如同粉尘爆炸。它的尾巴猛击捕食中的鸟群，将一些海鸥扫出去，而其他正在空中飞翔的海鸥则突然转向，绕开"大爆炸"的核心区。一瞬间，黑压压的鸟群倒映在巨鲸贴近海面的一侧，当它们飞过时，我们闻到了一股恶臭。

"天哪，这是怎么回事？"杰丝一边说，一边站在我旁边帮我选择拍摄角度。

鸟群一直在扩大。巨鲸朝空中喷射水柱，好像炮火正在攻击这片海域，成群结队的海鸥收起翅膀，在鲸群间的缝隙里潜入水中。从正面看，它们的身体呈圆圈状，翅膀修长、锋利，但现在它们打破流线型的队列，抖动翅膀，摆脱风的束缚，屈体入水。一拨接着一拨，不计其数，消失在水雾中。现在已经有四大群进食的黑鸟，而且还有更多的海鸥正在加入。一群吃饱了，另一群又形成：不断有新的磷虾群被鲱鱼赶到水面，鸟群也在不断变换。在我们身后的半空中，只剩下满眼的黑色，地平线已经不见了踪影。当海鸥群转向时，它们形成的旋涡就像被龙卷风裹挟到空中的沙尘。最大的鸟群依然在我们前方，但我们现在是逆流而行，前进速度趋缓。一头鲸的后背经过船边，水汽喷薄，仿佛一列潜行的火车。到处都有鲸的身影，近乎跳跃着进食。这里的食物一定是多到盆满钵满。

"更多的短尾海鸥都在你身后呢！"这一次它们都在同一个地方潜入水中，一边行动一边相互召唤，多到令人不可思议。我曾想象这番激烈的场面也就会持续5分钟，但当我与杰丝核对时间时，她说这一奇观已经持续了2个小时，而且强度未减。船的疯狂运动还有三脚架的左右摇晃，给拍摄这一千载难逢的场面造成极大影响。这时直升机出现在空中，戴夫携带增稳摄像机从各个角度拍摄，记录下这一壮观场面：巨鲸在核心位置浮现，黑色的涟漪四向扩散。

我们处在鸟群的飓风眼中：成千上万只海鸥同时升空，与下方所有的生命相互映射，在这片嗞嗞作响的海面之下是磷虾的宝矿。如此丰富的食物，值得它们绕行大半个地球来到这里。

"勇者天佑。"他们说，至少那些幸存者有资格获得这一切，这一点在阿留申群岛表现得更为真实。我把镜头摇到阿库坦岛的火山前，我对这些荒凉的小岛和其周边物产极度丰富的海域有了更深的理解：只有最勇敢的生命才能在这里生存下来，他们都是伟大的探索者，无论他们是鸟、是鲸，还是人。

蒂克尔峰
290 米

罗奇峰
▲ 365 米

伯德海峡

信天翁筑巢地

伯德岛基地

信天翁筑巢地

约旦湾

史丹吉峰
209 米

约翰逊湾

伯德岛
——南乔治亚岛

比例尺（千米）

0   500   1000

马尔维纳斯群岛

南乔治亚岛

伯德岛

1400 千米

南美洲

南大西洋

**11**

漂泊信天翁与狂怒的海豹

阿留申群岛位于北极地区，而伯德岛是南乔治亚岛近旁的一座亚南极小岛，位于地球的另一端，其周围冰冷的海洋中也富集磷虾，为难以计数的野生动物提供食物。南极毛皮海豹在伯德岛的海滩上繁殖——这里是全世界海洋哺乳动物最大的聚集地，很难想象 100 年前它们已濒临灭绝。它们非同寻常的恢复过程颇为隐秘，这要归功于它们那遥远的家园。如今的伯德岛生活着众多极具攻击性的海豹，无论你在那里做什么，都会受到它们的影响，与它们和平相处真是难上加难。从岛的英文名字"Bird Island"（鸟岛）你应该可以想到，这里还栖息着一些很稀奇的鸟类。相对于海豹，它们才是我更希望遇到的。为了拍摄这两类动物，我奔赴南极，开启了人生中最长的一段旅程。

在出发之前，我先去看望了我的祖母，她的身体不太好。当我们坐着喝茶的时候，我竭力轻描淡写到马尔维纳斯群岛所需要的 18 个小时的飞行和 1 400 千米的游艇航程：要在全世界最暴戾的海洋上漂泊 5 天。她对旅行并不像我这样热切，而且她只出过两次国。甚至一想到飞行，她就感到恐惧，这种心情可能要追溯到她童年的经历：在德国人发动的闪击战中遭受轰炸，还目睹一艘齐柏林飞艇从自家房顶上飞过。那种巨大的飞艇是她最早的记忆之一，它从德国起飞，袭击伦敦。1918 年，人类跨海长途飞行几乎是不可想象的事情，但在我祖母出生之前，跨越数千英里漂洋过海的飞行早已存在。这是世界上最伟大的旅程之一，由一种鸟创造——漂泊信天翁。我正是要去拍摄它们。

她问我走这么远的路去拍摄它们是否值得，我给她描述信天翁优美的求爱舞蹈和它们为了抚育雏鸟而铸就的漫长而稳固的伴侣关系。当然，我也讲到了幼鸟超常的翼展——超过3米，世界之最。我的任务是拍摄它们学习飞行的过程。我们在畅想这些巨大的动物第一次乘风破浪离开岛屿的场景时，手中的茶水已然温凉。

当我们闲谈时，她的目光时而失焦。我们静静地坐着，我拉过她的手，摩挲着半透明皮肤下凸显的青筋，想着我们一直是那么亲密——祖母和我。接着她率先打破沉默，重复前面的问题，我们的谈话又重新开始。

她经常会注意到一些小细节并以此为乐，比如看到一片美丽的叶子，便会想起艳丽的花朵。她能理解人之常情，经历让她明智。

“你的孩子们都很小，变化又这么快，你不想念他们吗？”她问道，又想起当年祖父经过一年半的战争回到家里之后，小女儿已经不认得他了。祖母有关回家和早已销声匿迹的齐柏林飞艇的回忆历久弥新，但好几次她向我询问自己住在哪儿，这些最近的事她反而忘得干干净净了。

我起身准备告辞时，祖母冒出一句话：“变老可不是什么有意思的事。”

当我抵达伯德岛1周后，我依然在想我们对饱经沧桑的年长者欠缺尊重，也在思考家庭、记忆和失去，因为这些东西在自然界中也很重要：它们帮助我定义信天翁。

暴风雪猛烈抽打着基地的窗户。当远眺约旦湾时，我发现玻璃窗已经变形，灰色的海滩光滑、细腻。这里有些像家乡11月份，但这就是南大西洋的夏季了。在海湾的出口，海浪击打着礁石，而在更远的地平线上，有一个棱角分明的白色缺口——一座冰山。

伯德岛位于南乔治亚岛的西侧，虽然这里是野生动物摄影师的圣杯之地，但他们当然不是冲着这里的气候来的。即使到了夏季，每天的日照时间长达17个小时，这里的气温也只徘徊在2℃上下，而且这座小岛几乎一直笼罩在云雾之中。有上百万只海鸟在这里筑巢，每1.5平方米的地方就有一只鸟或哺乳动物，这座小岛是世界上野生动物资源最为丰富的地区之一。几位来自英国南极调查局的科学家构成此地的全部人类种群，他们非常友好地邀请两位访客小住：马特和我。

天刚蒙蒙亮，我就起床了，因为轮到我开机。我已经把我的任务清单写在记事板上，首先要去发电机小屋。海滩上有数千只毛皮海豹，有一些正在睡觉，但更多的处于清醒状态，发出类似哭泣的声音，令人厌恶。通往小屋和码头的平台上也卧满了海豹。以前，码头末端的厕所是伯德岛唯一的厕所，现在基地里已经有卫生间了，但科学家们有时也会造访老厕所，他们似乎很享受那种急切地往厕所跑的感觉。

我穿行在海豹中间，一些海豹喷着鼻息朝我腿上扑。打开屋门躲在里面，悬着的心才放下来。从一个世界级的野生动物场景转换到这座工业厂房里，让人感觉有些匪夷所思，两台拖拉机大小的发电机和红色的消防泵是维持基地正常运转必不可少的保障。我开始按照检查清单一步步操作：首先我要把一根手指探入冷却水箱内，检查是否灌满水，接下来是查找漏点，记下消防泵仪表盘上的读数……自始至终，我都能听到头顶上的脚步声：一种叫鞘嘴鸥的海鸟聚集在那里，嗒嗒作响地啄着金属屋顶，听起来像监狱中的囚犯通过敲击管道传递信息。虽然今天早上我急着开始拍摄，但这份清单可不止一页……测试油位，打开排气阀，转动发电机上的"自动"旋钮。启动时噪声很大。接下来，我打开基地的总电源，哔哔的声音响起，很密集，我无法判断这是不是正常状态。

离开发电机小屋，先检查门后边，以防有海豹藏在那里，通常会有，而且会做出咬我的姿势。摆脱它之后，我便可以回到基地里煮咖啡。在伯德岛，无论谁去开机，都要早起，但当我回到基地时，我发现所有的科学家都醒了，正穿着内衣内裤聚集在走廊里，试图关闭我无意中触发的一个非常响亮的警报。

每项工作大家都要轮流做，因为基地是一座自给自足的系统，一共只有7个人。其他人没有选择，只能信任像我这样不称职的人去执行发电机开机这样重要的任务。科学家在这方面很在行，但他们工作繁重。其中一些人要在岛上工作两年半，他们接受过特殊训练，例如治疗牙齿，当基地人员在深冬时节减少至四五人时，他们可以相互治疗牙患。过去，只有3个人越冬，他们多少体会过想家的滋味。为了排遣寂寞，他们常常通过电台与其他南极基地开展飞镖竞赛。直到几年前，其他人才知道伯德岛根本就没有标靶。

得知我们将以拍摄漂泊信天翁为开始而不是海豹之后，我心里轻松不少。漂泊信天翁在伯德岛上的栖息地是全世界最大的栖息地之一，虽然这座岛仅有几英里长，但这种筑巢的鸟并不容易接近。信天翁需要依靠强风起飞，所以它们把鸟巢筑得很高：马特和我肯定是要登高了。但首先我们必须穿过数千只毛皮海豹，它们显然相信海滩是自己的领地。我们扛起摄影包，拎上三脚架，接着马特打开门，在寒冷的空气中扫了一眼，便砰的一声把门关上。一只雄性毛皮海豹恰好躺在他要落脚的地方。他慢慢打开门上的百叶窗，仿佛在检查飞机机身外的火灾情况，看到那只海豹从台阶上重重地跳下，我们才如释重负。它在通道上给我们留下一个完美的身影：尖尖的口鼻、粗大的脖子、锥形的身材和两对长而优雅的鳍肢。当它席地而眠时，落雪会勾勒出它完美的轮廓。较之我们在英国见到的海豹，毛皮海豹在习性上更接近海狮：雄性海豹勇猛好斗。它们要比我重得多，但行动敏捷。

昨天，我在实验室里发现了一个盛满海豹黄色犬牙的托盘。牙齿外形弯曲，很长、很锐利。如果不看标签，我会以为它们来自一头猎豹。上下犬牙相磨，让它们的边缘特别锋利。当我小心翼翼地用手指测试它们的时候，马特告诉我，有四分之三的登岛访客被这些家伙咬过。实验室的门边有一把扫帚。在扫帚头上，有人写下"扫地"，在扫帚把上，则有"战斗"的字样，看来有人想到过海豹的牙齿。

伯德岛遥远而偏僻，即使按野生动物拍摄标准也是如此：如果在这里遭遇突发情况，我们远离马尔维纳斯群岛直升机的救援范围，而且在整个南乔治亚岛，没有可供飞机起落的地方。我们离开基地的时候，马特和我都从走廊上的一个箱子里抽出一柄扫帚把。这两根木棍在我们和海豹之间似乎起不了什么作用。

"如果我们挨咬了该怎么办呢，马特？"

"尽可能地用一把硬毛刷清理伤口，并消毒，"他说，"希望没什么事儿。如果真有事儿，你可能会在床上躺一两个月。如果确实很糟糕，我们只能用电台联系一条船把你接走，但可能要花几周的时间。在此期间，你可能要忍受一只牙长到肉里或者分娩的那种痛苦。"

接着他幽默地补充道："我已申请了大量的伤口清洗液。"

我们的靴子扑哧扑哧地踩在礁石间，两侧的海豹都抬起头。一些海豹还龇着牙朝我们哼哼，在寒冷的天气里，喷出团团水汽，而且它们的鼻涕能朝我们这个方向甩出两米远。其他海豹则发出低沉的咆哮，仿佛雄狮附体，它们长长的胡须乱颤，但接下来尖厉的哀鸣立刻让之前威武的气势消失无踪："哦夫舒夫！哦夫舒夫！"基地周围可以听到的基本上只有这种生命之音，所以当科学家们听说什么有趣的事时，都会拖着重音说："我服舒服！"

公海豹们时常弓着后背，口鼻直指天空，好像在做什么高难度的瑜伽动作，但最令人震撼的还是它们身上的气味——纯粹的睾丸素的气味，就像一屋子未洗的橄榄球比赛服发出的恶臭。它们在等待母海豹从海上回来生小海豹，之后再交配，如果有其他动物闯进它们的地盘，则直接开咬。我想象得出它们磨"牙"霍霍的情景。无论如何，我们要经过这片海滩，于是我们向外挥舞手中的扫帚把，马特对付左边，我对付右边，我们在咆哮声中迅速突破它们的夹击。

一些海豹虚张声势地扑过来，不过我们的决心或许超出了自己的想象，因为当我们到达一条在岩石上流淌的小溪时，它们并未做出咬人的举动就让我们通过了，而且它们"哦夫舒夫"的呜咽声也渐渐消退。母海豹不会在流水中产崽，所以像溪流这样的地方"没人占"，这也成了我们无阻拦前进的最佳路径。我们逐渐远离海岸线，在溪水中一边走一边用扫帚把敲打河床里的岩石。溪流蜿蜒曲折，在覆满生草丛的土丘间穿行。生草丛类似一种生长在家乡海岸沙丘上的滨草，不过此地的生草丛一簇簇地长在小山坡上，足有一人高。海风吹过野蛮生长的草茎，发出持续的沙沙声：除去海滨地带的噪声，这是在伯德岛上所能听到的最普通的声响了。马特带我穿过迷宫般的小溪，赫然耸立的生草丛时不时地遮挡住我们的视线。

"我有一点儿疑问，怎么找到回去的路呢，马特？"

"在这个拐角处，总有一只焦虑的海豹。"他用手指着一只可以充当地标的海豹。

"如果它不在那儿，会是什么情况？"

在河床里，有黄色的物体在我们的靴底移动，并发出稀里哗啦的声响，听起来像塑料而不是鹅卵石。我俯下身仔细查看，原来都是骨头：弯曲的肋骨、扁平的肩胛骨，还有用来固定肌肉的坚韧的脊骨，不可胜数。我的脚恰好踩在一块下颚骨和一枚尖利而弯曲的牙齿上。无论如何我也应该猜出来了：这是在沙滩决斗中失败的公海豹前来寻死的地方。

我们爬到更高处，雾气缭绕，底下的海湾时不时显露真容，小小的基地深陷在岛上 65 000 只毛皮海豹的包围圈中。当马特和我从大海的方向转回身，薄雾散开，惊喜降临：体形巨大的白鸟散布在草甸上和远处的山谷中——上百只漂泊信天翁。

　　人们知道世界上有巨型信天翁是几个世纪以前的事。考虑到这种大鸟有跟着船飞的习惯，最早航行到南纬 30° 以南的欧洲人想不见到它们都难。早在 1593 年，理查德·霍金斯爵士便写道："大如天鹅的猛禽在我们的头顶上翱翔……两只翅膀完全展开后的宽度可达 2 英寻。"水手们终日只能吃到腌肉，他们捕获大鸟并吃掉它们，也算换了口味，不过有些水手相信，这些大鸟是他们死去的同船水手的灵魂，正是这种超自然的情感寄托，激发了塞缪尔·泰勒·柯勒律治的创作灵感，写下了著名的《老水手之歌》(The Rime of the Ancient Mariner)。那位不幸的水手在杀死了一只信天翁之后招来了厄运，海面先是风平浪静，接下来同船的其他水手又因口渴陷入疯癫，看到"长着腿的黏虫在黏滑的海面上爬行"，水手的同伴在死前诅咒他，并把信天翁的头挂在他的脖子上。也有一些人说这首诗的灵感源自詹姆斯·库克船长的第二次发现之旅，因为在柯勒律治小的时候，库克船长的随船天文学家威廉·威尔士当过他的老师。威尔士应该在海上见到过信天翁，而且应该也在南乔治亚岛遇到过它们，因为这座岛屿就是那次探险发现的众多岛屿之一。库克船长将该岛命名为"乔治三世岛"，而且还给伯德岛取了现在的名字，或许就是为了纪念这种非常惹眼的大鸟——漂泊信天翁。柯勒律治诗中的老水手之所以最终逃过一劫，是因为老水手逐渐领悟到"世间万物，无论大小"都拥有各自的美丽和价值，而且他的后半生就是在传播这种启示中度过的，即使他的听众纷纷离去也未动摇。自柯勒律治的时代之后，有关信天翁的发现越来越多，当然也少不了科学家在伯德岛所做研究的功劳，我们现在知道，那"带来灾难的信天翁"应该比老水手本人都古老。

第一只鸟从我们头顶低低地飞过，翅膀兜起飕飕的风声，仿佛一架滑翔机呼啸而过。任何见到它体形的人都会惊叹不已：信天翁的翅膀较窄但又尖又长，每一只翅膀都几乎和我的身高一样长。它的双脚收缩在腹部羽毛下，而且它的整个身体轮廓都符合空气动力学特征——光滑、浑圆。它在山谷上方悄无声息地转过身来，巨大的翅膀一直伸得笔直，我们更像在参观航展，而非观鸟。漂泊信天翁的飞行如此高效，以至于它们的滑翔距离可以达到下降高度的 20 倍，它们在飞行时耗费的能量也比在陆地上移动时低很多，不过即使最棒的滑翔者也需要升力，对它们而言，升力来自风。尽管某些种类的信天翁生活在热带——例如我曾经拍摄到的遭虎鲨攻击的黑脚信天翁，但真正大型的信天翁都在南冰洋活动。南冰洋是这座星球上始终如一的多风地区。它们的家园如此偏远而人迹罕至，人类花费了很长时间才了解到它们的生活情况。

这一天，马特和我盯着最早进入视线的一只低飞的漂泊信天翁，而且它也盯着我们。50 年前，也就是 1958 年 11 月 24 日，命名恰如其分的"信天翁号"内燃机船驶入约旦湾，甩下 4 位乘客，他们迅速搭起两顶帐篷和一座小屋。在最早入驻伯德岛基地的科学家中就有兰斯·蒂克尔，他到这里来了解有关漂泊信天翁的所有信息。需要探索的东西实在太多了，甚至它们的学名 *Diomedea exulans* 都暗含秘密，*exulans* 的意思是无家可归。虽然蒂克尔知道伯德岛算是这些漂泊者少数几处可以称作家园的地方之一，但他不清楚它们在海上时要飞往何处，事实上，没有人知道。很显然，这些大鸟并不只在本地游荡，寻找乌贼，但在当时，最大胆的猜测是它们只会飞几百英里远。

现在，小屋已经被一座现代建筑取代。就在马特和我到达后不久，基地的信天翁科学家达伦·福克斯给我们播放了一段蒂克尔拍摄的有关自己工作的影片。

在开始日常巡视鸟巢和雏鸟之前，蒂克尔说："我来这里就是要看看这些家伙。"他颇有 20 世纪 50 年代潇洒不羁的时尚风范，熟练地抓住信天翁雏鸟的喙部，然后把它夹在自己的腋下，之后给它称重并在它的腿上系上一个脚环。他所采用的某些方法，例如给少数成鸟喷上红漆，现在看起来似乎相当严酷，不过在没有 GPS 也没有卫星跟踪标签的时代，这些都是开创性的方式。蒂克尔想请皇家海军和商船的船员留意他喷过红漆的鸟并报告它们的位置，他的计划收获颇丰，第一只"红色信天翁"在半个世界以外的塔斯马尼亚岛的沿岸现身。这是后来伯德岛和世界其他地方的相关研究详细揭秘信天翁的发端：信天翁是全世界旅行范围最广的动物物种之一。它们绕着地球转圈，在一生中会飞上百万英里。

由兰斯·蒂克尔开创的事业延续至今，只不过为了跟踪鸟类，现在达伦用电子标签代替了喷漆。一些标签只有电气保险丝大小，只记录时间和昼长，可以大致确定鸟的位置；还有些标签可以在信天翁到海上觅食时把信号传回来；一些标签内置 GPS 发射器，每小时都会把报告发送到卫星上。鸟儿还在天上飞行时，数据便已通过电子邮件发给达伦。利用跟踪数据制作的地图肯定会让兰斯·蒂克尔兴奋不已，每条线都表示某一只信天翁的飞行路径，跟踪的起点就是它们位于伯德岛的鸟巢。很显然，对它们而言，大海变化多端。一只鸟的路径应该可以用标尺画出来。它在几个小时里飞了大约 65 千米，各个位置点就像电线上均匀分布的绝缘子，之后它们大量聚集。达伦解释，信天翁落在水面上了。我们查看地图上的时间，那是在晚上，我们很好奇，它是不是睡着了，浮在躁动不安的大海上慢慢向东漂流。第二天早上，它又恢复了正常飞行，朝着西北方向，目标是南美洲。没有人知道信天翁如何辨认方向，或许它们拥有我们难以想象的判断力，再加上记忆力和长期的经验。

从兰斯·蒂克尔时代以来，科学家们的方法已然发生变化，但达伦依旧每天出去"查看这些家伙"，尤其是检查哪些雏鸟能飞了。马特和我也需要知道。

　　从取景器中，我看到一只成鸟为了寻找最终降落的地点，径直朝我飞过来。它伸长脖子，双脚下垂，羽毛耸立并沿着翅尖飘动，下方的空气把翅膀托起。它把握好自己的状态，飞得尽可能舒缓，距离坠地仅在毫发之间。飞行员一定希望他们也能像这只大鸟这样寻找失速的极限，但几乎没有人妒忌它落地的方式。尽管逆风，但它重重地撞击地面时依然保持 20 节的速度，与此同时翅膀向上和向前扬起以保护它们免受冲击。显然，这再平常不过了，因为它很快站起来并摇晃身体，毫发无损。它收起巨大的翅膀，从飞行员变成了散步者。它站在地面上，体形似乎比在空中还要大。它的羽毛近乎纯白，表明这是一只公鸟。它强健的喙部也可以告诉我们它的性别。喙部是粉色的，大约 6 英寸长，末端呈钩状，用于肢解乌贼。它的脖子上有少量精致的灰色羽毛，就像用铅笔画出的线条。它也有与大多数大型鸟类共同的特征：翅尖是黑色的，丝毫不见黑色素的日久磨损，它那淡紫色的脚蹼比我的手掌还要大。我突发奇想，如果它的身边站着一只我家乡最大的鸟——疣鼻天鹅——会是什么感觉。它的身体比天鹅的身体宽，虽然它脖子较短，但站起来更高。它的头部更大，也更浑圆，还有隐藏在突出的眉毛之下深不可测的黑眼睛。

　　它低下头，喙部前探，朝我们这边走过来，脚重重地拍击地面，头部随着步伐左摇右摆。在距离我几步远的地方，它停下来，从容地注视着我的眼睛。我忍俊不禁。漂泊信天翁将鸟巢筑在全世界少数几座最偏远的荒岛上，很少见人，所以它对我们感到好奇，而不是害怕。

　　另一只鸟将一堆植物的茎秆丢在一边，兴奋地叫着朝公鸟跑过来。这是一只灰褐色的公鸟，是两只亲鸟一整年辛劳的结晶：90 天里轮流孵蛋，接下来的 9 个月里精心呵护它，如果喂养得好，这只幼鸟的体重应该能超过它的父亲。起初，其中一只亲鸟会留下来，确保幼鸟温暖地度过南极地区秋天的暴风雪，后来它们都会为了寻找食物从伯德岛飞到很远的地方，有时飞回来发现它们的幼鸟依然坐在没至脖颈的积雪中。年幼的信天翁用自己的喙部轻敲亲鸟的喙部，半是甜言蜜语，半是乞求，让亲鸟喂食。亲鸟的喉咙开始活动，它将头低下，稍稍张开自己的喙部，幼鸟将自己的喙部塞进去。一股灰色的糨糊射入它的口中，仿佛通过软管泵送的一样。一滴食物都不会溅出来。从远方飞回来哺育自己的后代会耗费亲鸟很大的体力，再次繁殖之前，这对亲鸟会休养 1 年。每隔 2 年才繁殖一只幼鸟，这种繁殖效率在鸟类中是很低的，这也是兰斯·蒂克尔最早注意到的事情。

这一切都指向几乎每只鸟都要经历的一种极其重要的仪式：第一次飞行，幼鸟的生命和亲鸟的努力都仰仗这最初、最关键的腾空一跃。在这方面，漂泊信天翁幼鸟比其他大部分幼鸟更困难：它们必须自己琢磨出如何使用世界上最大的翅膀而不会把脆弱的骨骼折断。这是精神高度紧张且危险的时刻，当然应该在电视上完美地展示出来，不过我们可能没有太多的拍摄机会。岛上白色成鸟的数量很能迷惑人。半数成鸟尚处于求偶阶段，它们到明年才会繁育幼鸟，所以这里羽翼渐丰的幼鸟少之又少。那些我们可以看到的信天翁幼鸟，似乎对投食而非起飞更感兴趣。拍摄一只首次飞行的幼鸟将是一次真正的挑战。

之前我早早地吵醒了大家，但他们都原谅了我，或者至少他们都非常善良地不去提及它。善良，在这样一小群人中，就如庇护我们的屋顶一样重要。举个例子，我们要轮流做饭。在伯德岛科考基地成立 50 周年纪念日之际，这一重任落到我的肩头。几乎一整天的时间，我都用在备餐上，如果周六晚上有拍摄任务或者赶上一个伯德岛纪念日这样的日子，还要把次日的面包和蛋糕做出来。就像轮到别人时他们会做的那样，我花了一点儿时间了解其他人喜欢或忌口的东西，想象大家在山坡上冻了一整天观测信天翁，或者在海滩上统计海豹幼崽的数目之后最想吃什么。我外甥女的糖浆布丁食谱似乎最合适了，因为它是用鸡蛋、黄油和糖制作的，于是我将配料增加 2 倍，并将它们充分混合。在基地里，有一条不成文的铁律：由于做饭的人费了很大心血，用餐时间绝对不允许姗姗来迟，也不允许抓起几片烤面包，回自己房间吃。每顿餐食都经过认真准备，虽然有时卖相差点儿，但大家都会分享和品尝，其间充满了欢声笑语和感谢。每一天我们都能感受到其中一个人对大家的关爱。

拍摄野生动物与做饭有些相像。最重要的一点，是站在被观察的动物的角度，设身处地思考问题，这能帮助我预测它们下一步的行动。你若能像这样分享他者的经验，你通常会对他们心生好感。这种情况发生在对待信天翁的态度上，但到目前为止还没有与伯德岛的毛皮海豹扯上关系，至少从我自身来看是这样。

糖浆布丁大受欢迎，我希望能弥补凌晨的闹铃惊梦。在吃过布丁和纪念日蛋糕之后，我们打扮成 20 世纪 50 年代科学家的样子，穿上英国南极调查局定制的颜色鲜艳的格子衬衫，戴上绒线帽，不过我没把时间花在这上面，因为我已经穿得像那样了，之后，我们来到防波堤上。防波堤的尽头有一根旗杆和那座户外厕所。厕所的门上画着一只鸟：当然，那是一只漂泊信天翁。站在那里，在周围愤愤然的海豹的陪伴下，我们举起酒杯向兰斯·蒂克尔和他的发现表达敬意。

目前在岛上工作的这批生物学家中，有一位来自加拿大，名叫格伦·克罗斯。他告诉我，他曾遇到蒂克尔在 1959 年系过脚环的一只幼鸟：一只灰头信天翁，是漂泊信天翁体形较小的近亲。我以为这应该是好多年以前的事情了，但格伦告诉我，他是上周才看到它的。兰斯·蒂克尔很久以前就退休了，但至少有一只他接触过的信天翁依然强健，现在已经是世界上已知最古老的鸟儿之一。格伦说，第一眼看到它时，并没有任何迹象表明它比其他鸟年长，它们都卧在圆柱状的泥巢里，这些鸟巢看起来就像矮粗的烟囱。和其他鸟一样，它已经换完毛，正在等待繁殖季的到来，一身新装的它看上去非常华丽。

它的喙部也一如其他鸟的喙部，漂亮的黑底上布满嫩黄色的条纹。只有它的双脚能透露出它的年龄，表皮很薄，近乎透明。

"皮肤表面的线条就像陶器风干后在表面形成的图案，"格伦说，"我记得小时候看祖母做缝纫活儿时，手上薄薄的皮肤就是这样。从她的双手就能知道她已经老了。"

尽管这只信天翁年近五旬，但它仍在孵蛋。据我们推测，从它自己破壳而出开始算，它的子孙可能多达九代，所以在伯德岛的某个地方，它的曾曾曾……曾孙和曾曾曾……曾孙女也许很快就要开始孵蛋了。除了喂养自己的雏鸟和配偶间一些温柔的清洁动作之外，信天翁这个种群并不存在互相照顾之说，所以不管它是不是这些后代的曾曾曾……曾祖母，它依然要去海上觅食。格伦不无敬佩地谈道，在南冰洋上闯荡这么多年一定很艰难，它也一定了解冰山、鲸和冬季的暴风雪。我们猜想它在上百万空英里[1]的飞行中早已对这些景观熟视无睹，只是孤独地借助风的威力到处漂泊。

伯德岛所做的研究显示，对信天翁而言，年龄和经验是无价之宝，其实对我们而言亦是如此。年长的鸟飞得更远，觅食的时间也更长。我很想知道，格伦提到的这只信天翁独自外出的时候是如何搞定一切的。它的方向感可能已经变得迟钝，就像我的祖母那样，有时它可能会记不得自己住在哪里。

伯德岛纪念日之后又过了1周，轮到我站在基地的一扇窗户前给父母打电话。在我们通话时，我也在观察外面的海豹，它们在"夸张地"相互佯攻并怒视对方。在这座如此偏远、饱受暴风雪蹂躏的荒岛上，生命难以存在，但通过互联网和卫星线路打个电话却简单得不可思议。我告诉妈妈，我今天早上已经打开了贺卡，那是我离家前孩子们就已寄出的。弗雷亚画的是一幅

---

1　1空英里约为1.85千米。

雪景，防波堤旁矗立着一座小房子，温暖的黄光从窗户中透出来，门楣上方有一个马蹄形吉祥物，意思是要抓住好运。在海滩上，一个孤独的身影正对着天空拍摄，两只棕色的信天翁翱翔在崇山峻岭间——它们是初出茅庐的漂泊信天翁。这就是她想象中的我，一个人待在某个遥远的地方。我的工作是孤独的，我们彼此都很清楚，而且我已经错过了她超过半数的生日。

我的祖母说得对，孩子尚小的时候，时间过得飞快。我给家里打电话时，他们给我唱歌。电话的最后，我最小的孩子——柯斯蒂，在听筒那边送给我一个飞吻。明天是她的生日，我也将错过。

到目前为止，我们还无缘拍摄到信天翁幼鸟的首次飞行，而拍摄毛皮海豹的压力却与日俱增。海滩上每天都在变得更拥挤，而公海豹之间的战斗已是家常便饭。

兰斯·蒂克尔在他的影片中提到，尽管他每天观察信天翁并坚持了 4 年，但他从未看到幼鸟飞走。

"真难以置信，达伦，不是吗——他竟然从未看到？"

"是的，不光他没看到，我也没有看到过。"

这件事真令人震惊：我们在伯德岛上逗留 1 个月的计划已经过去一半，被迫暂时改为拍摄海豹，而现在，拍摄信天翁首次飞行似乎更加遥不可及。

基地后面有一条小溪从山上流淌下来，是我们的饮用水水源，有时毛皮海豹会死在里面而污染水源，因此我们在饮用前必须过滤掉污染物。相较而言，我们靴子上的泥土似乎微不足道，而走在河床上依然是最安全的活动路径。海豹已经把我们的建筑和码头完全包围了，在苗条的海獭形状的母海豹"海洋"中，公海豹就像一座座圆锥状的小岛。现在海滩上也挤得满满当当，想穿过去几乎不可能。

　　我曾经拍到其他动物野蛮搏斗的场面，例如雄性马鹿，但这座海滩上发生的一切却前所未见，仿佛索姆河战役再现。泥浆四溅、血流成河，混战中相互撕扯对方的喉咙：血肉横飞、血流如注。在一旁观战的是各种鸟类：鞘嘴鸥、贼鸥和巨䎃，甚至还有面色温和的针尾鸭。这种针尾鸭是在与世隔绝的状态下迅速长大的，吃起来一点儿鸭肉的味道都没有。它们都在等待有海豹死亡，或者至少躺着不动等待它们前来啄食。这个场景很吓人，但也不是无法无天。许多母海豹簇拥在最大、最成功的公海豹跟前，只要它们的保护圈密不透风，其他公海豹就无法靠前。如果算上那些下海觅食的海豹，仅在这处沙滩就有 9 000 只海豹：每平方米达到了 3 只。我们可以随便拍摄——但从哪里开始呢？

　　很明显，我面前有一些母海豹今天处于临产状态，距离最近的公海豹肯定希望把它们划入自己的势力范围，所以这里是拍摄一场恶战的好地方。我又朝战场走近了一点儿，蹲在摄像机旁。尽管手边摆着两柄扫帚把，但我很难全神贯注地盯着拍摄，因为它们发出的每一声咆哮都会让我身体一颤。什么东西猛地蹿到我的脚边，我急忙跳开。一只小海豹而已，黑乎乎的小家伙在咕噜咕噜叫着找妈妈。当它在我的靴子旁抬头看我时，咕噜声变成了咆哮，甚至这些小崽子都想把我轰走。而留神正在靠近的公海豹让我几乎没有时间看镜头，必须想个两全其美的办法。

　　我们的船过来把马特接走了，他有别的任务，同时把他的继任者留下，一位是和我在纽约拍摄过游隼的弗雷迪，另外一位叫特德，是在斯瓦尔巴群岛时合作过的摄影师。特德将进行慢速拍摄，我则用常速拍摄，我们主要关注小海豹的动向。作为临别礼物，马特用一些旧燃料桶焊接成一个全金属保护罩，或至少可以说是一条全金属的"苏格兰短裙"。只要我们躲在桶里面，正在混战的海豹就不会注意我们，内侧甚至还有把手，所以我们可以抬起它，四处走动。我们已经准备好在海豹栖息地的核心地带拍摄了。

母海豹在源源不断地聚拢过来。我在安全的"移动堡垒"里拍摄一只母海豹，它已经从浅滩处出发，湿漉漉的毛皮在阳光下闪闪发亮。它只有公海豹的三分之二高，体重也不及后者的四分之一，但它一心想回到自己出生的地点生产，它在海豹群中闪转腾挪。两只公海豹挡住了它的去路，它们迎面靠近，扬着头，两眼翻白，龇牙咧嘴。其中一只一步上前，咬住另一只海豹厚厚的颈毛，就像一条狗在撕扯一块破布，看着真令人揪心。另一只海豹则猛烈拍击这只海豹，并在它的前额划开一道很深的口子。它们在各自地盘的边界上展开了拉锯战，很多母子走散，有一只小海豹滑倒后又被踩在其他海豹的鳍肢下，但机敏地逃出来了，似乎未受到伤害。两只公海豹以眼还眼，以牙还牙，头破血流，之后都像精疲力竭的拳手，倚靠在一起，但还是气鼓鼓的样子。其中一只摇晃着身体，由于距离太近，沙屑都溅到了镜头上。那只母海豹趁机加入到离我最近的这一群中。当它从公海豹身旁溜走时，两只公海豹几乎抬不起头来了。每年无论是谁占据了这片海滩，母海豹都会回来繁衍后代，但对公海豹而言则是孤注一掷的选择。只有那些能守住一块好地盘的家伙才有交配的机会，从这个角度说，在战斗中冒一些风险也是合理的。

血腥暴力并不妨碍我渐渐喜欢上了海豹。新来的母海豹不仅漂亮，还很大胆。它那湿漉漉的毛皮外表有些粗糙，但内部很柔软。海豹皮曾经是中国最热门的商品，海豹皮贸易的利润很高，这也可以解释为什么南乔治亚岛的早期到访者都是冲着海豹而来的。大约在20世纪初，海豹捕猎活动被禁止，彼时只剩下数百头海豹。自此以后，呈现在人们眼前的是一个非凡的成功故事。1908年，海豹受到保护并被冷落百年。现在的海豹家族已经高达400万只。

2周后的海滩上，咕噜咕噜的叫声基本上取代了公海豹的咆哮声，新生命降临的速度也超过了死亡的速度。我注意到有一只母海豹似乎有些焦躁，后背弓起很高，而其他母海豹依然像光滑的鱼雷一样躺在自己的幼崽旁。它左右摇摆，身体开始抽搐：宝宝正在踢腿。这真是一个生死攸关的时刻，一次纯自然的活动。我被它深深地迷住了：此前我直接看到的唯一生育过程来自我自己的孩子。母海豹羊水破了之后，离它最近的一只公海豹将身体倚靠过去，用口鼻温柔地触碰它。先是小海豹的鳍肢折叠着探出来，就像灰色的儿童手套。紧接着整个身体畅快地滑出母体，头上还包着胎膜：人们常说这层膜可以防止胎儿淹溺而死，人类的宝宝出生时也是这样。母海豹开始呼唤，叫声迅速传进幼崽的耳朵里，它的身体呈黑色，看着很湿滑，它开始蠕动，接着睁开眼睛，咩咩地回应妈妈，活像一个玩具。

我还记得我的第一个孩子出生后的那份安宁。时间悄悄地流逝，我晃动摇篮，凝视着她的小脸蛋、大大的蓝眼睛和指甲只有扁豆那样小的手指。她勉强可以盖住我的两只手掌。我感受她的触碰，嗅吸她的气味，我几乎能感受到自己心境的变化，发誓要好好照顾她，无论发生什么。这些毛皮海豹也是一样：新晋妈妈和它的宝宝，都睁大了眼睛，鼻尖对鼻尖，嗅探对方的脸庞并呼唤对方，熟悉对方的一切。在这个混沌的世界上，我不知道它们能否永远这样待在一起。海豹宝宝闭上眼睛吃奶，还时不时发出叹息，我禁不住笑了。

是时候回去拍摄信天翁了，我指给弗雷迪看河床上的那条小路，在拐弯处总有一只焦虑的海豹。从达伦嘴里听到那件令人震惊的事情后，我们很难再对这次拍摄抱任何积极的态度，但当我们往山坡上攀爬时，另一件不太可能发生的事情却让我们振奋起来：几个月来雾气第一次散尽，太阳照在伯德岛上。站在基地背后的山脊上，建筑物看起来很渺小，黑潮一般的海豹不仅塞满了海滩，还绕着建筑物的外墙将之包围。海湾被遮蔽得很好，但一如往常，仍有一股风从下面吹上来。

达伦知道在岛的另一侧有一处信天翁的栖息地，那里的幼鸟更多，也有着南乔治亚岛上非常壮观的景象。为了前往那里，我们必须从最高峰的侧翼翻过去。在海风的侵蚀下，一层层岩片变得很疏松，时不时被掀落到山脚下并传来惊人的巨响；浮云绕着峰顶旋转，从镜头中看速度似乎越来越快，阳光也忽隐忽现。有一段时间，我们都把注意力集中在如何落脚上，生怕行差踏错，并再次庆幸手里还有一柄扫帚把，而当我终于抬起头时，这里的风和景致让我惊讶无比。3座冰山栖身于南乔治亚岛的悬崖之下，散发出虎尾草那种独特的蓝色，而在它们的上方，一片灰色、红色和绿色相杂的山脉险峻陡峭。更远处的山峰参差不齐，覆盖着积雪，仿佛阿尔卑斯山漂洋过海来到了这里。目光往回收一些，可以看到一片狂暴的海面，它叫"伯德海峡"。成片的巨藻漂浮在海面上，紫色的、棕色的，煞是好看；在深深的水道里，浪花翻滚，成群的毛皮海豹正在往家赶。在我们的下方，星星点点的成年信天翁就像一只只绵羊散落在半山腰上，可能有40只初出茅庐的雏鸟混在其中，很多雏鸟在收放稚嫩的翅膀或者择去残留的软毛。还有一些雏鸟在生草丛中穿梭，顺着山坡往上爬。我们必须尽快确定哪一只最有可能率先起飞。

其中一只最活跃的雏鸟把我们的视线引到一处高悬于海面之上的陡坡上。这里似乎是练习起飞的好地方。当我蹲下架设摄像机时，这只信天翁并未理睬我。在它翅膀的上表面，新羽毛排成长排，像屋顶的石棉瓦一样整齐。它那突出的初级飞羽依然皱缩，仿佛刚刚开包。一股疾风沿着长满生草丛的斜坡朝我们吹来，我急切地想知道这只雏鸟是否知道该如何使用翅膀。它迎风展开翅膀，体验到一种全新的感觉，我们称之为升力。这是它与风之间关系的肇始，并将持续终生。它将翅膀绷紧、伸直，这股风晃晃悠悠地把雏鸟托举到空中。那一刻，它就悬在那里，拖曳着双脚，接着它失去了稳定，最终掉了下去。这只信天翁掉在半山坡的草丛中。弗雷迪和我焦急地望着那里，终于看到它跟跟跄跄地从一个洞中爬出来，嘴上沾满污泥，但它又顺着山坡往上爬，准备再次尝试。我拍到了它几次飞行的过程，它试图控制自己的翅膀，在空中向前移动。每次摔下来之后，它都会不辞辛苦地返回起飞点。

下雪了。信天翁和我不仅都感到寒冷，还很心灰意冷，不过它已经得到了历练。它收起翅膀，蹲伏在生草丛中，喙部藏进羽毛，闭上了眼睛。雪片落在它的额头上并积聚在那里，没有融化。

在穿越信天翁栖息地返回基地的途中，一块闪亮的金属映入我的眼帘。这是一枚鱼钩，和我的拇指一样长，躺在一个空巢中。在实验室里，达伦向我展示了一堆各式各样的鱼钩，都是从伯德岛的鸟巢里捡回来的，有致命威胁。这些只是成鸟带回鸟巢，在给幼鸟喂食时回吐出来的。它们在海上遇到了太多的鱼钩。达伦刚刚收到了一封邮件，其中就有这样的坏消息：一只脚环为 5216188 的漂泊信天翁被发现死于南纬 35°55'，西经 51°56' 的地点。

"这个地点位于乌拉圭近海，"他说，"是鸟儿捕猎的热点地区，也是被捕捉的热点地区。"

英国南极调查局的数据库显示，这枚脚环系在来自伯德岛的一只年轻的雌鸟身上。它的死亡地点距离伯德岛将近 1 300 千米。8 年前，它从基地后方山脊的一处鸟巢做首次飞行，直到 5 年后才再次现身，混迹于来到这处信天翁栖息地的一群笨拙的幼鸟中，并竭力表现自己。它适时地找到了自己的配偶，达伦也逐渐了解了它们。自从它们的第一只雏鸟孵化后，他坚持每周都为它拍照。它现在跃跃欲试，几乎完全准备好了，只等亲鸟回巢。达伦在自己的电脑上向我们展示，在标注它妈妈的死亡日期的地图上有一个小黑点，周围还有几十个小点。

"那些只是鸟儿死亡后留下的碎片，它们的脚环都是在金枪鱼捕鱼船上找回的。每年有 100 000 只各类信天翁像这样死去。"

它们也许是世界上最狂野的海洋的主人，但在它们长期的生活经验中，没有一丁点儿信息告诉它们不要吞食隐藏在鱼体内的鱼钩。一些渔船使用的钓具长达 130 千米，设置 10 000 枚饵钩。自从 20 世纪 90 年代以来，延绳捕鱼业在乌拉圭和巴西兴起，南乔治亚岛的漂泊信天翁每年大约减少 4%。这些鸟每 2 年才养大 1 只雏鸟，很显然它们无法承受这样的损失。

无论生死，都很少人能见到它们。对它们而言，这几乎是和吞食鱼钩同样重大的问题，因为只有见到它们，那些可以提供帮助的人才能对它们施救。这正是影像可以施展拳脚的地方。摄影术的历史并不悠久，电视媒体的出现则更加晚。像我祖母对目睹齐柏林飞艇这类事件的第一手描述已经极富戏剧色彩了，但动态图像更令人叹服，而且与人类的记忆相比，影像更持久。这便是野生动物摄影如此重要的理由之一：它们是可供大家分享的永久记忆，让我们未曾亲眼见过的事件显得真实，比如说信天翁的困境。或许这能适时地让我们更富智慧地保护好我们依然拥有的东西，让任何一个人都很难说出"我不知道"这样的话。

我希望我们在伯德岛的拍摄能够帮助信天翁。如果在影片中只能看到一只雌性漂泊信天翁在自己栖息地上方低空盘旋，而一只又一只雄性信天翁扬着头呼唤它落下来，那真的太悲哀了。

在母鸟命丧乌拉圭近海几天后，它的遗孤飞走了，我们都没看见它离开。3 周来，我一直在跟踪拍摄一只信天翁幼鸟练习飞行，但今天早上，风力加大为强风，鸟群中也弥漫着一种异于往常的气氛。它们分散在整个山坡上，许多雏鸟都迎风而立，锻炼它们的翅膀。有一只似乎最有希望：它有意识地朝山脊上最陡峭的位置移动。每次停下来，它都会半张翅膀测试空气状况。为了尽快到达拍摄地点，弗雷迪和我带着摄影器材磕磕绊绊地在生草丛中穿行。这只雏鸟已经来到了一个最佳位置，风沿着斜坡径直往上吹，而且还有很长的下降空间。更棒的是，远处的海景尽收眼底，如果它确实从这里起飞了，这段影像将非常完美。我绝对不能错过这一重大时刻，我跑着穿过草丘和沼泽，摄像机在肩头弹跳。信天翁幼鸟站在斜坡的边缘，正张开翅膀感受上升气流。

"千万不要走啊，"我喃喃低语，"不要现在走，拜托啦！"

我费了很大劲儿才把三脚架搭好，让三脚架的一只脚深深插在生草丛里。雏鸟凝视着大海，先是轻拍了几下翅膀，接着进入飞行预备状态。我自由扭动三脚架，并向下锁定位置，用一只手调整摄像机的水平，另一只手打开摄像机。雏鸟在风中踮起脚，翅尖在微微抖动。摄像机终于运转起来，我开始取景、聚焦，我的心情也随之发生变化："开始行动吧，现在出发！"仿佛一生中一直在飞行一样，它飞离地面，开始远航。短短几秒钟，它已经飞越海岸，开始爬高，生平第一次远离鸟巢。很快，镜头中只剩下一个黑色的轮廓，从远处的一座冰山前平稳地掠过。这是一次巨大的解脱——对我们双方而言都是如此。在接下来的几年里，也许长达五六年，它将环游世界，之后通过某种方式找到返回伯德岛的路，在自己的鸟巢周围寻找一位配偶并学会跳舞。很快我也将离开，但我回家的旅程并没有那么遥远。

我们离开前的最后一晚，科学家们举行了一场派对。这是一次户外烧烤，但天上下着霏霏冻雨。我们站在炉火边，用戴着手套的手给啤酒升温，信天翁在头顶盘旋，海豹"哦夫舒夫"的叫声不绝于耳。天太冷，我们几乎没有注意到那股味道。作为临别礼物，我又给达伦和其他人做了一大份糖浆布丁。

"你可以留下来！"他们说，我很感动，也有些心动。

当我们在拂晓时分起锚时，基地还只是海滩上一个与黑压压的海豹为伴、模模糊糊的轮廓，但发电机已经启动，厨房的灯也已经点亮。我们悄悄离开了，但我不禁好奇：今天轮到谁值班？

回到家后，我发现祖母正在做腿部牵引。

"您的坐骨摔折了，奶奶。您摔了一跤。"

"是吗，亲爱的？"她说，"哦，我猜我肯定摔坏了，因为我感觉到疼了。有时确实有坚持不下去的感觉，但我要给自己打气，'会好起来的'，你不能屈服，如果你屈服了，就很难站起来了。"

我想到信天翁幼鸟每次摔到地上后重新往山上爬的情景，它坚持尝试的决心很像我的祖母：这位恬静的女士在战时的轰炸中失去了家园，接着失去了至爱的丈夫，并最终失去了记忆，但她从不抱怨。

在一张我最珍爱的照片中，她皮肤光润、美丽动人，正羞怯地为她第一个老板——一位美发师，做发型。她记得最久的事情都源自那个时代：她是那么喜欢和我爷爷跳狐步舞，他们一起快乐地栽植花卉，骄傲地数着屋前一百多朵在一个夏日的黎明怒放的牵牛花。

临走时，我给她留了两张照片：一张是我的孩子们的笑脸，另一张是我妹妹寄来的明信片，上面有一些牵牛花。它们的蓝色花瓣比护士制服还要浅，但那正是透过祖母病床身后的窗户看到的蓝天颜色：它们是对记忆的逼真描绘。

在我家人最需要我的时候，我经常不在身边。这是我为工作做出的最大牺牲——值得吗？我在与毛皮海豹和信天翁相处的 1 个月里拍摄的素材在制作完成的节目中仅有 6 分钟，但一段故事在屏幕上持续多长时间并不会影响它在我们心里驻留的时间。海量的观众看过像《冰冻星球》这样的纪录片。曾几何时，没有一个人看见过信天翁的首次飞行，现在全世界有超过 1 亿人分享了这段经历。或许当他们面对自己的问题时，一些人还能记起一只不屈不挠的信天翁幼鸟学习飞行的画面。

## 信天翁的最新消息

　　信天翁不在英国繁殖，但帝国的影响触及南大西洋上一些偏远却非常适合它们生活的岛屿，例如南乔治亚岛的伯德岛，这就是英国南极调查局和总部设在英国的自然保护机构，如英国皇家鸟类保护协会和国际鸟盟，在对它们的帮助上发挥了重要作用的原因。

　　虽然我们拍摄了伯德岛上的漂泊信天翁，但它们的种群数量一直在下降，从20世纪60年代初至今已经下降了一半。不过，根据负责国际鸟盟海洋计划的克莱奥·斯莫尔博士介绍，希望之光尚存。"信天翁特遣队"计划诞生于20世纪90年代末，积极推广防止鸟类吞食饵钩的简单方法，包括使用彩条带、加重渔线和开展夜间捕鱼等。克莱奥希望在2015—2016年之前，死于各种捕鱼作业的鸟类数量降低80%。最近乌拉圭渔业方式的变化和巴西执行渔船强制检查新规使这一愿景首次成为可能。

　　更加令人欣慰的是，最近来自伯德岛的统计数据显示，上述改变正在发挥作用。英国南极调查局的海鸟生态学家理查德·菲利普斯博士说，繁殖期信天翁的数字在2013—2014年达到最低值，但在下一个繁殖季这一数字有望回升到接近2008—2009年的水平。他对"最坏的形势已经过去"这一说法持谨慎态度，2015—2016年的数字将是试金石。

　　克莱奥·斯莫尔说，保护信天翁的同时又不对人类的生活方式构成负面影响是有可能实现的，这样的结果对自然保护有非同寻常的意义。即便如此，自然保护运动也花了很长时间才带来改变。鸟类大量死亡的问题最早在20世纪90年代末引发了全球关注，但在接下来的10年里，伯德岛的漂泊信天翁继续减少。如果不是兰斯·蒂克尔开始做这方面的统计，它们的减少将长期不为人所知。

　　"这一改变我们已经等了很多年,"克莱奥说,"由于这种鸟每2年才繁殖1次,任何恢复过程都会很缓慢。不过,令人备受鼓舞的是大多数'信天翁特遣队'的工作都获得了捐助。这样看来,尽管它们生活在地球的另一端,我们中的大多数人有生之年都不太可能亲眼见到它们,但我们的确关心这些鸟正在经历什么。"

　　理查德·菲利普斯善解人意,他帮我核对了那只信天翁的记录,看看2008年我们在伯德岛拍摄到的那只成为孤儿的雏鸟是否幸运地找到回家的路:"确实有记录显示'Orange C50'重返过伯德岛。2011—2012年,它作为非繁殖鸟首次回来,此后每个繁殖季都有记录(作为非繁殖鸟)。"

　　2012年,伯德岛的次高峰被命名为"蒂克尔峰",以纪念这位开创该岛信天翁研究的科学家。两年后,兰斯·蒂克尔逝世。

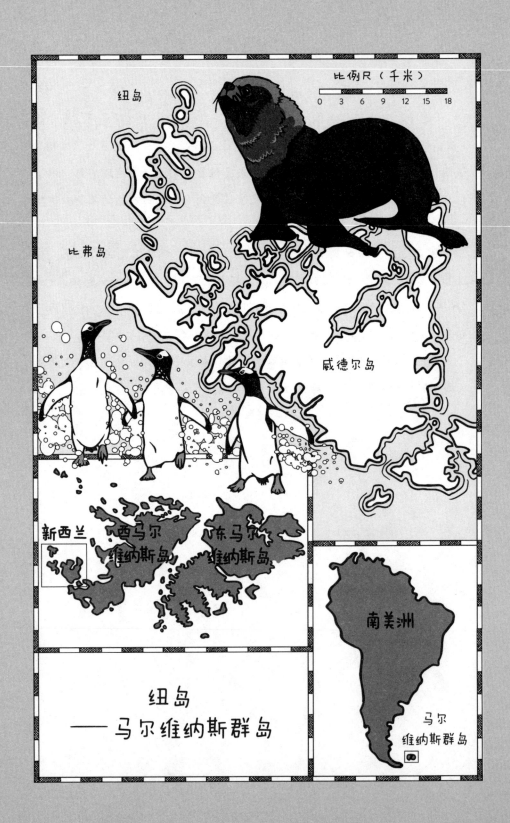

纽岛

比弗岛

威德尔岛

新西兰

西马尔
维纳斯岛

东马尔
维纳斯岛

南美洲

纽岛
——马尔维纳斯群岛

马尔
维纳斯群岛

**12**

命悬一线的巴布亚企鹅

　　我几乎找不出比纽岛新月形的白沙滩更美的沙滩，如果空气不是那样的清冽，也没有企鹅等在岸边，你会以为自己身处热带海滨。那些企鹅是巴布亚企鹅，也生活在南乔治亚岛和更靠南的一些南极洲岛屿的冰冻沙滩上。受南大西洋洋流变化的影响，马尔维纳斯群岛处在"南极辐合带"北部较为温暖的水域，而处在同一纬度、位于这条辐合带另一侧的南乔治亚岛，就完全被冰冷的极地海洋包围。环绕马尔维纳斯群岛的海洋刚好拥有供企鹅食用的充足食物，因此与生活在南乔治亚岛的亲戚相比，纽岛的巴布亚企鹅应该过得很惬意，如果不是因为一件事——事实上，是一种动物——甚至都不是一类物种，而是一只个体：一只雄性海狮。

　　巴布亚企鹅的鸟巢密集地排布在海滩上方一处难闻而嘈杂的栖息地上。它们在岸上相当安全，因为这里没有陆生野生动物，虽然企鹅的智力有限，但保护自己还是游刃有余的，它们可以赶走仅有的几种猛禽，尤其是条纹卡拉鹰。这些家伙很淘气，对企鹅却没有太大影响，它们在当地还有一个名字，叫"约翰尼·鲁克斯"。而巴布亚企鹅在海里会有怎样的故事就是另一回事了，这也是我们 3 个人——马特、贾斯廷和我——乘坐一辆路虎老爷车一路颠簸来到这里的原因。老爷车为托尼·蔡特所有，他还拥有这座小岛一半的产权。他把我们带到一座山脊上并停下车。从这个地方可以俯瞰平静的海滩，但不太可能知道沙滩上会上演怎样的戏码。

我们卸下了可供 3 周消耗的食品和饮用水，以及摄影器材，接下来托尼带我们前往住处。这是一间棚屋，有床铺、椅子、一张桌子和煤气炉等生活设施。棚屋后面有一间厕所，墙上贴满了来自全世界的明信片。除了我们自己的声音之外，唯一的人造声音就来自这台发电机，用来给电池充电。这里有全岛最佳的观景视角：向下越过正在筑巢的企鹅便可俯瞰沙滩、碧海，之后还可以远眺两座高低不平的海岛和一望无际的地平线。托尼已经给我们看过照片，海浪猛烈地拍击这里的海滩和悬崖，气势恢宏，我们正希望在这样的波涛中拍摄企鹅。对它们而言，上岸就意味着参加生命中的一次豪赌，并不仅仅因为这片狂暴的大海。

马尔维纳斯群岛的最外层区域虽偏僻但很平静，生活在这里令人欣喜，更为美妙的是，我的家人也能一同前来，对我而言这很难得。对我的孩子们来说，这同样是一次极为珍贵的机会，他们可以看看我从事的工作，了解我很少陪伴他们的原因。海滩上的棚屋太小了，无法安排所有的人，所以他们住在几英里远的一座小屋里。托尼与他的家人、小岛的另一位主人以及一些访问科学家也住在那个小小的定居点上。

多年以来，托尼一直在观察这处海滩上的巴布亚企鹅。他介绍说，上午通常平淡无奇，唯一的亮点是大多数成年企鹅会走上海岸，凝视大海片刻，随后潜水捕一天的鱼，它们猎食聚集在群岛周边海域一种名为"海蟞虾"的小型甲壳纲动物。企鹅需要游较远的距离才能找到它们，通常会花去几乎一天的时间。雏鸟生长良好，整理柔软的羽毛和等待亲鸟返巢就是它们打发时间的方式，除此之外，它们几乎什么都不做。托尼说，我们要顺应它们的生活方式，在傍晚准备妥当，这时成鸟"肚皮鼓鼓"地回来，胃里装满喂给雏鸟吃的海蟞虾。他祝我们好运，之后驾驶老爷车嘎吱嘎吱地离开了。

贾斯廷和我把摄影器材整理好，马特开始烤面包。屋顶上传来两声重击，接着窗户上出现了一个颠倒的面孔。这是一张鸟脸，其体形与乌鸦相仿，但带钩的喙部具有猛禽的特征——"约翰尼·鲁克斯"来了。我们外出的时候，这对鸟待在我们的房顶上，在仅仅几英尺远的地方俯视我们，显然它们好奇心十足。这对"约翰尼·鲁克斯"看起来很相像：大部分羽毛是黑色的，腹部羽毛为铁锈色；喉咙部位的颈羽呈条纹状，这也是其正式名称的由来；它黄色的鸟腿很强健，脚是弓形足，相比较而言，它们更愿意走路而非飞行。不管什么东西，它们都要试探一番，看看是否可以食用。我的护膝就是一个很好的例子，我在棚屋里遍寻不得。"约翰尼·鲁克斯"应该是在外面的草地上发现护膝的，现在已经把护膝撕成了破布条。马尔维纳斯群岛上的养羊户不怎么喜欢它们，并不只是因为它们会祸害小羊羔，还因为它们经常从晾衣绳上偷内衣。考虑到它们小偷小摸搞破坏的恶名，我本该认真对待我的护膝会被撕碎的警告。

根据天气预报，强风将至。托尼说，这场大风会持续一两天，大浪将席卷海滩，在此期间，我们必须将拍摄企鹅的任务完成大半。于是在当天下午，我们便坐在海岸上观察巴布亚企鹅返回海滩的情景。"约翰尼·鲁克斯"跟在我们后面，我们刚一停下，它们便跑到我们的背包前，拉开口袋的拉链，摆弄背带并撕咬线缆。

托尼的预判完全正确，就在落日余晖将悬崖的影子投射到海滩上的时候，第一批企鹅进入海湾。它们似乎不情愿上岸，而是在碎浪区之外漫无目的地乱转，时不时挺起脖子环顾四周。企鹅源源不断地加入进来，湿滑的后背像成堆漂浮的轮胎，几乎隐没在波涛中，我们靠盯着它们喙部的一抹红色和眼睛上方的白斑跟踪它们。阵营里的企鹅越来越多，此时并无让它们惊骇的猎手现身。

沙滩很长,企鹅往返游动,一直待在碎浪区之外。它们的队伍几乎延伸到了最远端,突然,它们认定现在往岸上冲是安全的。它们开始行动之后,转瞬之间,我们的视线深入一个高高卷起的浪头内部,里面有一个黑色的东西,行进速度很快。这是一头海狮,比企鹅更大一点儿,它娴熟地借助大海的力量,长长的鳍肢在波浪中划动。波峰崩坍,白沫散落,海狮也没了踪影。在气泡和波浪的冲击下,企鹅只能盲目地游动。

它们在水沫中疾速穿行,争先恐后地朝浅滩涌动,密集地冲上海滩。海狮错失了这次机会,但第二组企鹅正在海面聚集。我们又瞥见了海狮,它伸着脖子凝视企鹅在浪尖翻滚,并在被企鹅发现之前潜入水中。大部分时间企鹅和海狮都不能互相看见,但双方都清楚对方就在附近。它们就像人们下海战棋一样反复揣测对方的意图,并试探着开始攻击。

这一次,海狮找了个非常好的藏身之处。企鹅知道它就躲在浅水区的某个地方,但它们饥饿的雏鸟都在海岸上翘首以待,它们没法再等下去了。当海面上的企鹅数量达到近 200 只的时候,每只企鹅都会做出同样的判断:与沦为海狮猎物的风险相比,冲到海岸上的需要更为迫切。于是它们下定决心上岸,谁也不愿落在后面。它们无法回避这可怕的风险:为了养活雏鸟,它们必须每天下午闯一次鬼门关。几百分之一的丧命机会——这算是最好的情况了,而且企鹅们没有选择,只能接受。

这群企鹅进入了浅水区,几乎就在我们上次看到海狮的地方。海狮熟练地掌握了伏击它们的技巧:等到企鹅没有转身逃脱之机时进攻。它终于随着海浪浮出浅浅的水面,将身体变得扁平,贴着沙滩滑行,紧跟在企鹅后面。大多数企鹅都背对着它站着,靠抬起鳍肢保持平衡,回流的海浪冲刷着它们的小短腿,它们只能踯躅前进。前面的企鹅踩到干沙滩后,就踏着小快步往山坡上跑。最后离开大海的企鹅便直接处在海狮的追击路径上。它笨拙地拖着后鳍肢紧追不舍——真是意志坚定、肌肉发达的家伙。企鹅很惊慌,身体前扑，还跟在水中一样用脚和鳍肢拍打海滩，想要夺路而逃。走起路来东倒西歪的海狮也顾不上体面了，它很有可能捉住这只企鹅。在海滩上行至半程，无论追赶者和被追者都已累得气喘吁吁。它们身上厚厚的脂肪层本来是天然的保温材料，可现在却让身体存在过热的危险。海狮已接近身体的极限，但随着最后一突，海狮的头进入了摄像机的取景框，它咬住了企鹅的身体。

海狮现在非常热，因此平躺在沙滩上恢复体力，但它依然紧紧叼住那只企鹅。企鹅气力很足，它弯下脖子去啄海狮。海狮的牙齿只适合紧咬而非切断，而且在海滩上，它想对付自己的猎物也绝非易事。在水中时，它可以用自己的鳍肢把企鹅击打成碎块。当海狮恢复体力开始朝海里撤退时，我担心会拍到什么可怕的画面，但它停了下来，把企鹅放走了。这只企鹅打起精神，快步冲进波浪并迅速游离了海岸。马特、贾斯廷和我面面相觑。费了那么多的力气，为什么又把企鹅放了呢？或许抓企鹅比看上去要容易很多，而且它不需要把它们都吃掉，但在接下来的1个小时里发生的事让我们的疑惑更重。我们看到它在浅水滩上捕获了好几只企鹅，之后拖到海中消灭了它们，同时一群海鸟还帮它清理了战场。日落西山，我们收工走回棚屋，一路上我们都在讨论这个谜团。途经企鹅的栖息地时，我们看到那些吃饱了的雏鸟偎依在亲鸟身边准备睡觉了，当然，还有几只雏鸟在徒劳地等待。

风暴如期而至，一股狂野的自然力量从北方袭来，拍击海滩的浪涛远远高过我们的头顶，整个海湾已是白茫茫一片，还有一声低沉的咆哮。类似这样的场景非常适合用慢速摄像机，我们拉着沉重的器材和蓄电池组来到海边。我们把电池放在沙滩上，用线缆连入摄像机。扬沙模糊了陆地与大海的界线，为了尽可能保护摄像机，我用一个袋子将它罩起来。为了应对迎面而来的波浪，我们也包裹好脑袋，透过围巾呼吸。波浪借着风势变得异常壮观，成群的巴布亚企鹅从汹涌的激浪中现身，仿佛由飞扬的水花凝聚而成。

在强大的不可抗力面前，海狮已经没有希望找到企鹅，企鹅反而受到狂怒大海的威胁。一些企鹅在笨拙地对抗着波浪，却被浪头高高地抛出，失控般地旋转着身体。有一只企鹅从浪尖上穿过，出现在离海滩四五米高的地方，继续向上，随后又摔入浓密的白沫里。其他企鹅则向上飞去，好像在翻越一扇门，它们身后被一堵水雾之墙塞得严严实实。不过此时企鹅的韧性显露出来，无论多么猛烈地跌到海滩上，它们都会在几秒钟内起身狂奔，试图摆脱海浪的威胁。

　　天色已暗，我们无法继续拍摄，这时我才发现电池已经完全被沙土掩埋。线缆从沙土中伸出，看起来就像摄像机直接从沙滩中获取电能一样。在惊心动魄的几小时里，我们首次为《冰冻星球》纪录片拍到了足够庞大的企鹅阵容，它们从南大西洋既是生命之源泉又是生命之威胁的波涛中神奇现身，也为接下来几周里发生的事件埋下伏笔。您将看到新鲜而充满吸引力的剧情：海狮如何捕捉企鹅，为何有时会在一番精疲力竭的追逐之后将猎物放生。


　　当我如柯斯蒂一般大时，我不太喜欢数学作业，也从未在这样的小屋里写过作业。我光着脚站在地板上，风沙飕飕地在地板上吹过，大海的味道从敞开的窗户中涌进来，这一幕发生在我起床后徒步去定居点看望我的家人的那个清晨。我很清楚需要拍摄的场景只会出现在下午，对我而言，这真是意想不到的奢侈：我有时间与家人共享早餐（薄煎饼）并分享他们的日常生活。昨天，孩子们告诉我，他们观察到跳岩企鹅巧借最高的波浪弹射上岸，之后脚弓绷紧并施展弹跳绝技以彻底摆脱大海的纠缠。孩子们静静地守候在跳岩企鹅必经的路旁，整个下午都在目不转睛地观察这种会攀登的鸟，看它们肚皮鼓胀、浑身湿漉漉地从海里上来。他们在回定居点的路上遇到了一只海狮。弗雷亚给我看她画的一幅画，这只海狮正朝他们咆哮。在从生草丛中逃走前，罗恩拍下了海狮的照片并把照片送给我。他们还与托尼的孩子们在沙土中挖出半露半埋的洞穴，上面再盖上茅草。孩子们玩得太忘形了，头发里全是沙子。当他们回到家时，托尼的妻子金为他们烤好了布朗尼蛋糕。他们告诉我，他们正在用漂流木建造一个更加精致的洞穴。他们要我保证当洞穴建好后，要在早上抽出时间和他们一起参观。今天下午，他们会来企鹅海滩看我们拍摄。

　　我们沿着小路往回走，途经托尼的菜园：一小块带围墙的土地，离他的房子很远。墙是用来防麦哲伦企鹅的，这种小东西会打很深的洞，给他的莴笋造成很大破坏；还有一个用渔网浮标做的稻草人，原本打算用它来驱赶"约翰尼·鲁克斯"，但那些鸟反而把它当成了栖木。在我们的左侧，悬崖峭壁拔地而起，而在我们的右侧，脚下的土地平缓地潜入海中。短翅船鸭在海滩附近的海面上休息，当我们经过时，它们又朝海上漂移了一点儿。它们的翅膀太小，不适合飞行，相反，它们利用这个特点把翅膀当"桨"划。

　　我们看到马特和贾斯廷正在检查昨天拍摄的素材，并决定海滩的拍摄分区。贾斯廷带一架摄像机主拍悬崖下方的区域，我们其他人则带着慢速摄像机蹲守另一端，希望海狮不会注意到我们。但"约翰尼·鲁克斯"目光敏锐，立刻就现身了。当我伸手在背包里摸索电池时，其中一只还跳到摄像机上，双脚在金属表面滑动。为了寻找一个稳固的落脚点，它朝摄像机的后部挪动。这时我还没有锁定三脚架，在鸟的重压下，三脚架开始倾斜，长焦镜头慢慢抬起。"约翰尼·鲁克斯"意识到接下来会发生什么，便爬到另一端，栖在镜头盖上。摄像机开始朝另一个方向倾斜，它又匆匆挪回一开始的位置。马特和我一直在分割我们的拍摄区域，其实我们也希望能拍摄此类"慢镜头跷跷板"的行为。我们本该想到结果："约翰尼·鲁克斯"在慌乱中抓住取景器，用力一踩，便飞到了空中。摄像机和镜头摔在旁边的岩石上，而重重的三脚架又砸在上面。我拾起它们时，发现取景器悬在一根线缆上，金属托架完全断了。幸运的是，几乎一切东西至少暂时可以用摄像机磁带、尼龙扎带和漂流木修复，所以在海狮开始追逐巴布亚企鹅前，我们得以把正事准备妥当。

和以前一样，企鹅开始聚集，借助海浪快速上岸。海狮捕获一些企鹅，又再次把一两只企鹅放走。它把抓住的企鹅带到远离海岸的地方，击打成小块。由于距离太远，靠肉眼已无法看清楚具体发生了什么，我很庆幸孩子们看不到血腥的场面。但在回放录像时，我们可以看到，它捉到了一只企鹅，却几乎不去吃它，只是仔细地吃掉从企鹅胃里溢出来的海磷虾——原本是企鹅为雏鸟准备的。捕捉和释放一些企鹅才是这场生死游戏的关键所在：如果拖动企鹅时感觉它们的胃并不饱满，海狮明白即使将之杀死也吃不到什么，还不如重新抓一只企鹅。当海狮抓住企鹅时，企鹅的生死其实就在一念之间。

纽岛对探索自然世界有重要意义，聚集了来自五湖四海的科学家。一位友善的荷兰研究人员带着孩子们观察一种名为"锯鹱"的夜行性海鸟，这种鸟把鸟巢筑在草丛间的地洞里。孩子们高兴地看到，每个鸟巢都用一块绘有数字的石头做标记，仿佛鸟巢安装了一扇大门。他们轮流捧起毛茸茸的雏鸟，接着给雏鸟称重，再把它们放回"小黑屋"里，每只雏鸟都对我们了解大自然做出了小小的贡献。

再后来，我们4个人爬进他们在岸边搭建的漂流木洞穴里。那是他们花了几个小时建成的，保留着他们的想象、欢笑和大海的反射光线。简易小桌上放了一只杯子，里面插着一簇野花。

直升机载着我们腾空而起。在扬起的沙尘中，我们俯身看到托尼、金和他们的孩子正挥动着胳膊向我们道别。如果你像他们这样过着远离主流社会的生活，很少能结交新的朋友，即便如此也终有一别。直升机的影子掠过漂流木洞穴，最后投射到绿松石色的海面上。

　　回想起多年以来经历过的某些时刻和去过的某些地方，我总会沉浸在幸福之中，其中就包括和我的家人、好朋友，以及那些南极海滩上的企鹅一起度过的这段美好时光。

## 纽岛的最新消息

　　我们的拍摄碰巧与托尼和金在纽岛上的最后时光重叠了。他们把岛的产权卖给了已经取得另一半纽岛所有权的自然保护信托机构，之后就搬走了。他们的生活似乎也不再那么孤寂：最近看到金发布了他们的孩子在美国蒙大拿州边远地区纵马驰骋的照片。

　　现在整座纽岛都成了国家自然保护区，而该岛作为科考基地的历史已达30年。基地与此处这般规模的海鸟栖息地非常相称：我的孩子们遇到的那种细嘴锯鹱的数量高达 200 万对——这种海鸟在世界上最大规模的集群。想象一下，如果每个鸟巢都有一扇手绘数字石门，那该多么壮观。

　　马尔维纳斯群岛还拥有世界上最大的巴布亚企鹅繁殖种群。或许由于有毒海藻大量繁殖，它们的命运也在发生改变，企鹅数量在我们拍摄前的几年里骤降。只要食物充足，巴布亚企鹅就可以生几只雏鸟，所以它们恢复的速度较为迅速，到 2008 年，处于繁殖期的巴布亚企鹅已达创纪录的 12 万对，分布在 85 个地点。

　　2010 年，马尔维纳斯群岛周围发现了石油，这引起人们深深的忧虑：一次漏油就可能对这些世界级的海鸟栖息地造成毁灭性影响。预计 2017 年，商业性石油开采将开始运作。与此同时，巴布亚企鹅会向南扩张并寻觅到新的南极聚居点。受海冰覆盖范围的影响，此举可能会占据阿德利企鹅的领地。

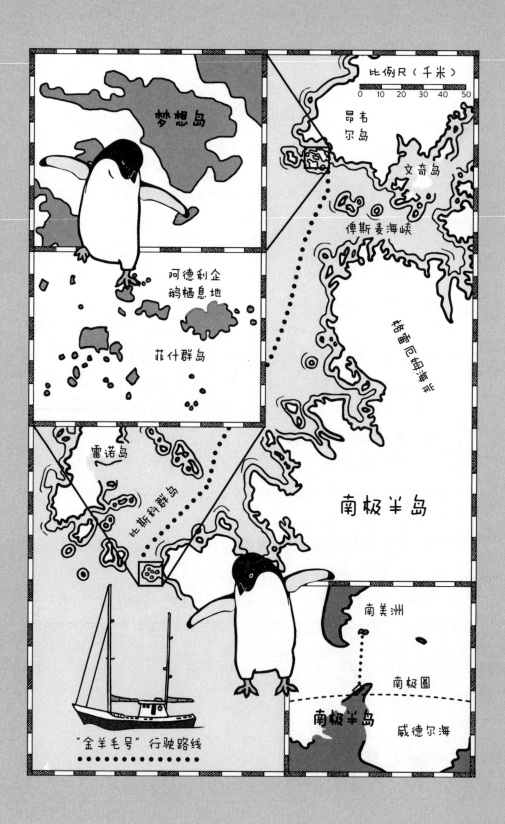

# 13

## 阿德利企鹅决意冒险

如果你是一只成年企鹅，你很难逃避一个意志坚定的猎手的追杀，但如果你是一只雏鸟呢？就像漂泊信天翁幼鸟挥动巨大的翅膀进行首次飞行一样，企鹅幼崽同样要经历死亡之旅的磨炼：它们要学会游泳，尽管捕食者就在海里等着它们。

梦想岛位于阿根廷的正南方向，紧贴南极半岛，是一座地处偏远且无人居住的小岛：它的名字听起来很浪漫，但事实上这里不仅寒冷，还像石头一样坚硬，除了少量顽强的地衣植物之外，几乎没有任何生命。霜冻让礁石粉碎，就像一堆堆抹上灰浆的瓷砖，我用手就可以把它们掰断。小岛上的石头有棱有角，只有一条从海里延伸到远处的狭路例外。小路由卵石铺就，已经留下了人类的痕迹。这些石头异常光滑圆润，可能经过了千百年的磨洗，因而最有可能来自小溪的河床。

懒洋洋的象海豹一只挨一只地躺在沙滩上。它们都是母海豹，毛发不长，呈沙土色或姜黄色，体形臃肿，有我身高的一半长，但此等身材与重达3吨的公海豹相比只能说小巫见大巫，后者是世界上最大的海豹。它们是潜水最深的哺乳动物，它们的大眼睛在2 000米深的水下也能看到微弱的生物发光，那里是巨乌贼和其他未知生物生活的地方。海豹到岸上是来睡觉的，当海滩上的石子在我的靴子下发出脆响时，它们很不情愿地醒来，睡眼惺忪，伸长脖子看着我从身旁走过。它们以喷鼻息、打喷嚏，发出类似舷外马达的突突声和全世界最响亮的咂舌声回敬我，就像一个乐不可支的 5 岁小顽童。在南极洲的海滩上，你也看不到别的什么东西，象海豹就是你的好伙伴，它们绝对会让你开怀大笑。不过我们这次的拍摄对象不是它们，而是另外一种海豹——豹海豹。同样到访梦想岛的豹海豹是世界上效率最高的捕食者之一，但它们的食物也出现了不足。

一只小短粗的企鹅沿着狭路来到海边，时而走、时而跳跃着前进。它从我身边经过，连看都不看我一眼。这只身材短小的阿德利企鹅，还没有我的威林顿长筒靴高。它的外形很有特色，前白后黑，简单有致，脚是粉色的，还有一抹粉色出现在喙部。它的眼睛似乎是最富表现力的地方——每只眼睛都有一圈白环。当它眨眼的时候，这对白环就会变成新月状。企鹅身体两侧的流线型鳍肢取代了翅膀，因为它们只能在水中游而不能在天上飞。我们到此一游的另一个目的，就是拍摄阿德利企鹅游泳。

"Penguin"（企鹅）这个名字可能源自威尔士人、布列塔尼人或康沃尔人为另一种不能飞的黑白色鸟类起的名字——生活在北大西洋、现已灭绝的大海雀。水手们把这个名字带到了南半球，并用于他们在那里发现的长相类似的鸟类。弗朗西斯·德瑞克爵士在其"金鹿号"航海日志中提到，16 世纪70 年代，他们途经麦哲伦海峡时，发现"一群被威尔士人称为'penguin'的鸟"。法语依然用"pinguin"称呼大海雀，并把企鹅叫作"manchot"。

1840 年，一位全名叫儒勒·塞巴斯蒂安·塞萨尔·迪蒙·迪维尔的法国海军官员发现了企鹅家族中生活环境最靠南的企鹅，并冠以他妻子的名字——"阿德利"。探索太平洋、南冰洋和大西洋的航行让他长时间远离家人，这一点比野生动物摄影师有过之而无不及。与其让自己的名字变成一种企鹅的名称而不朽，阿德利·迪维尔可能宁愿和自己的丈夫厮守在家。迪维尔还用妻子的名字命名了南极大陆的一些地点。他的第三次也是最后一次代表法国探险完全依赖风帆。既然说到这儿了，我们似乎还应该介绍另一位著名的法国海员。

走在平缓的小路上，我可以安心观察这座小岛。泊在小港湾入口处的是一条195米长的机动双桅纵帆船——"金羊毛号"，船的主人是热罗姆·蓬塞。成年后，热罗姆在南极地区度过了大部分时光，而他对南极的了解可以说首屈一指。他的儿子迪翁帮他经营这条船，船员还有卡蒂和赛利内。我是昨天搭乘一条客船与团队会合的，同行的还有我们纪录片的研究人员利兹。我们已经与两位鲸类科学家转战了两个地方，他们在上个月帮助我们拍摄到逆戟鲸不可思议的捕猎场面。合作取得圆满成功，导演凯瑟琳和摄影师道格·艾伦以及道格·安德森依然沉浸在激动之中，他们看到巨鲸利用自己的身体制造波浪，并用波浪将海豹从浮冰上冲进水中。此前这种行为从未被完整拍摄过，它是整部纪录片的高潮之一，也推动了科学考察的进一步开展。

两位道格都是非常出色的摄影师，他们主要进行水下拍摄。我则要携带长焦镜头和慢速摄像机在后半部分的拍摄时登场，记录下豹海豹和企鹅相遇时的情景。大约在15年前，道格·艾伦为BBC拍摄《冰雪童话》时来过这里。他说他们在这处栖息地发现了数千只企鹅雏鸟，当雏鸟走到水边时，有好几只豹海豹正等着它们。他拍到了雏鸟奋力通过碎冰区而海豹在疯狂捕猎它们的镜头。整个过程令人难忘，但让人看得心里很不痛快。最大的海豹体长超过3米，而且它们的嘴巴可以张得非常大。和它们一起潜水需要一定的勇气，道格还拍到一只海豹龇着大牙掠过水下摄像机保护套的玻璃窗。入水的企鹅太多了，海豹捕捉到它们的机会也非常大，每天他都能看到十几只甚至更多企鹅被捕获。道格想象我们再次拍摄到这样的镜头不会有困难，但我们发现经验也会出错。岛上阿德利企鹅嘈杂的栖息地应该遍地都是，然而，我们从小山上往下看，那些曾经是鸟巢的地方现在只剩大片光滑的鹅卵石。它们的栖息地只有上次道格来时的五分之一。不夸张地说，企鹅几乎消失了。豹海豹似乎也走了，或许今年这样少量的企鹅雏鸟都不值得它们耗在这里。

凯瑟琳和热罗姆做出了一个艰难的决定：与其待在这里希望海豹突然现身，倒不如继续南下。热罗姆知道我们或许可以去周边其他岛屿碰碰运气，但今年还没有船去过那些地方，所以我们很可能发现那里的企鹅同样少得可怜。这次行程我们要花一两天的时间，而时间是宝贵的，我们赌运气，希望能发现一个雏鸟还未离开的兴旺栖息地。至少越往南，天气应该越冷，因此它们的繁殖季提前的可能性就越小。与除帝企鹅之外的其他鸟类不同，寒冷是阿德利企鹅从不介意的一件事。它们是真正的冰鸟。

热罗姆和道格·艾伦是老朋友了，他们一起分享了很多南极之旅。在"金羊毛号"的舵手舱内，导航仪器旁摆满了盆栽植物，他们回忆起一些令人毛骨悚然的时刻，或者至少道格在津津乐道——而热罗姆只是给予富有特色的法式耸肩，似乎在有意回避那些濒死体验。道格描述了一个场景：一阵狂风袭来，船身横向倾斜。他说，当时船上人仰马翻，书本和仪器横飞，在一片混乱之中，热罗姆始终握紧船舵，操控船向，让船姿自行回正。

不过与热罗姆驾驶小船在南极地区航行的创举相比，这一切都显得苍白无力。1971 年，他与朋友热拉尔·热尼舒驾驶 10 米长的单桅帆船"达米安号"到访南乔治亚岛，当时除了北岸的几个海湾附近有些小型定居点（在热罗姆的海图上标记为捕鲸站）之外，整座岛屿都荒无人烟。有一次，他们的船正在岛的南面航行，遇上了一场风暴，海面上巨浪滚滚。据热罗姆介绍，面对波峰比船的长度还高的波浪，"达米安号"向前倾斜，片刻之间，船就变成直立状态，然后就是翻跟头——注意是空翻而非倾覆——接着船体就倒扣过来。船能保留下来还多亏了那根桅杆，因为它发挥着龙骨的作用。两个人被困在船体中，水下绿色的光线透过舷窗照进来，火炉中的热煤和炉灰撒得到处都是。尽管舱口已经封闭，但海水却因翻转的管道出现虹吸作用而源源不断地涌入。没有人知道他们在哪里，而且他们距离最近的定居点太远了，所以也不可能有人发现他们，更不要说获救了。这条船已经陪伴他们 4 年，现在热罗姆和热拉尔站在船的天花板上，他们双手紧握，互致道别。就在这时，另一个巨浪打过来，竟然把他们的船翻成了正常状态。接下来的 6 个小时里，他们一直排水，海水冰冷刺骨。他们刚刚排完水，"达米安号"又倾覆了。不过这一次他们没受多长时间的煎熬，船很快又翻了回来，因为桅杆已经折断了。他们再次排水，直到精疲力竭，像死人一样瘫倒在完全浸湿的、曾经的铺位上——只能听天由命了。他说他们模模糊糊记得船还翻过一次，之后再次翻滚回来。

靠着一根大三角帆的横杆改造成的短粗的桅杆，"达米安号"沿着南乔治亚岛的南部海岸来来回回地随风航行，大约 1 周后，漂泊到北面的古利德维肯。当时英国南极调查局还在以此地古老的捕鲸站为基地开展科考活动，他们发现后把船拖到了港湾里。

经过一段稍显平淡的旅程之后，我们在一座比梦想岛还要小的岛旁抛锚停泊，迪翁用充气橡皮艇把我们送到岸上。岛上有企鹅，但它们不是阿德利企鹅，而是一群年幼的帽带企鹅，而且状态很糟糕。虽然说企鹅栖息地从来与干净、整洁沾不上边，但这些鸟肮脏无比，它们的绒羽上糊满了泥巴。和阿德利企鹅一样，这些企鹅也属于生活在南极地区的鸟类，适应冰雪环境，雏鸟的绒毛有良好的御寒性能。然而，岛上的积雪都已融化，只留下一堆堆泥土与企鹅粪便混合物，危险而污秽，因消化后的磷虾而呈红色。近年来，这一区域已经温暖到天上降下来的不是雪而是雨水，这给企鹅带来了问题——浸水后的雏鸟暴露在严寒之下，很快就会死亡。气候变暖也对该地的海洋产生影响，像阿德利企鹅这样的冰鸟面临着生存环境的巨大变化。

怀着对帽带企鹅栖息地泥潭的担忧，我们加速向南挺进并在菲什群岛停下脚步。菲什群岛是一片散落在海湾中的低矮明礁，周围冰川密布。GPS 显示，我们已经到达南极圈的位置，但依然比热罗姆和他的妻子在自己的船上度过整个冬季的地点靠北。

午夜时分，我站在甲板上，太阳短暂地隐没于一座山后。远处的冰山发出耀眼的杏黄色，犹如天色。天寒地冻，万物静止，唯有浮冰在潮汐的推动下自顾自地游荡。它们幽暗的轮廓滑过天空在海面的倒影，仿佛大海在呼吸一般。一块大浮冰从"金羊毛号"的一侧擦过，能看到它粗糙的冰面上白光灼灼。它继续向前漂着，这时我惊奇地发现，一轮初生的月亮已挂在半空，把浮冰和冰川照得蓝幽幽、明晃晃。南部天空我并不熟悉的星辰映射在海面上，我只认出了我的老朋友猎户星座。它倒立着站在天上，它在海面上的倒影则是正常的姿态。我可以整个晚上都站在这里，不过我们将在 4 个小时之后开始拍摄，所以我回到自己的铺位上，并在浮冰刮擦船体的声音中酣然入睡。对于这种声响，我实在想象不出喜欢它的理由，但浮冰意味着这里应该有阿德利企鹅。

早上上岸后，我们发现了数百只阿德利企鹅，分布在好几座小岛上。一些成年企鹅是成对出现的，并在互相示爱。它们的喙指向天空，发出类似吹喇叭的声音，与此同时缓慢地拍打鳍肢，胸脯也发出有节奏的颤动。其他企鹅则躺在雪地里，享受凉爽带来的惬意。令我们颇感欣慰的是，光在这座最大的岛上就有 100 多只雏鸟，所以我们有了拍摄的机会。事实上，多数雏鸟还处在褪去残余绒毛的阶段：头部最明显，很多雏鸟依然戴着毛茸茸的"棕色小帽"。它们的背部是汽车尾气的那种烟蓝色，而它们的脸和腹部则是纯白色的。它们还没有成鸟那样的眼圈。当雏鸟身体蜷伏并抖松羽毛时，它们变成了一口锅的模样，粗矮短小，这样可以保存热量，但当它们再次捋顺了羽毛并伸长脖子时，它们看上去修长而瘦削。一群雏鸟似乎已经做好了下海的准备。它们的鳍肢拍打起来，但在空气里发挥不了作用，只能像上了发条的玩具一样跑来跑去。即便如此，在陆地上练习还是更安全些：这里是学习游泳的危险之地。

1只成年企鹅从海边蹦蹦跳跳地走上来，有5只雏鸟立刻扑上前，索取食物。这当中可能只有1只是自己亲生的，它快速地转着圈跑。雏鸟们在后面追，相互之间绊得人仰马翻，好不狼狈，到最后只剩下1只跟着它。成年企鹅似乎知道这就是它的孩子，也有可能它挺着饱胀的大肚子跑得实在太累了，便呕吐出一股磷虾糊送进雏鸟的嘴里。这种微小的甲壳纲动物是阿德利企鹅的主要食物来源。南极磷虾在冰层的庇护下繁殖，并以生长在冰下的藻类为食，这就难怪冰层覆盖的大海对这些企鹅如此重要了。

当我们数雏鸟的时候，热罗姆正驾驶"金羊毛号"巡游各个小岛，寻找海豹。他在电台里向我们呼叫：根据填图员的测量，他现在应该已经深入冰川的内部。那里还有新的岛屿，没有经过勘察，也没有名字，随着冰崖退却而显露真容。豹海豹不再是阿德利企鹅所面临的最紧迫问题——较之地球上的其他地方，热量的侵袭给南极半岛带来了更为明显的后果。当然，任何地方都会出现异常变暖的年份，但这里的变化是真真切切的：仅仅30年前，这片海域的冰封时间比现在几乎长3个月，这正是企鹅饱受磨难的原因。仅以这片栖息地为例，热罗姆上一次看到它的时候，面积就比现在大好几倍。

企鹅跃出水面，形成一道道平滑的曲线，它们在这一过程中匆忙换气以加快前进速度。成群的企鹅像这样做出鱼跃的动作，场面蔚为壮观。就在距离这座繁忙小岛不远的海面上有一块低矮的礁石，似乎非常适合拍摄企鹅。它的大小刚好可以容下我和三脚架，所以迪翁便把我放下去。在冰滑的岸边泊船对他来说是小菜一碟，当年他的父母在南乔治亚岛度过冬天，他在船上呱呱坠地，而且是热罗姆根据一本书的提示亲自接生的。

很快，正对着我所在礁石的一群成年企鹅跳着朝水边集结，后面还乌泱泱地跟着很多雏鸟。成年企鹅在行动前机警地环顾四周。海面平静，只能听到波涛声和远处栖息地的嘈杂声。其中一只企鹅在海水中蘸湿双脚，率先跃入海中。此举就像引爆了一颗鱼雷，其他企鹅也纷纷跳下去，顿时水花飞溅。它们在经过我所在的礁石时，开始像海豚一样在水上跳跃，而且竭尽全力，给海豹的截击增加难度。雏鸟拥挤着跑向水边，但在峭壁的边缘停了下来，只是看着成年企鹅行动。

这时骤然响起一声雷鸣：一座冰川的前部崩塌入海，轰鸣不断。塌落的部分庞大无比，通过镜头，我可以看到冰川脚下白浪滔天，冰川上留下了蓝色的疤痕，溅起的水雾依然在空中飘荡。由此激发的浪涛应该威力巨大，而且它们应该正席卷而来。

"迪翁，有很大一块冰掉到海里了，你能把船开过来吗？"

选择这样一块刚露出水面的礁石，也许并不是一个好主意。

我们意识到了时间的紧迫，于是凯瑟琳把团队分成了3组：她和道格·艾伦负责监视企鹅栖息地的动向；道格·安德森和利兹负责拍摄一座冰山的水下部分；热罗姆和我驾驶他的充气橡皮艇寻找豹海豹。因冰川融化，海湾里到处都是接地冰山，我们发现一只雌性豹海豹正漂浮在一个蓝莹莹的冰洞里，身体光滑而轻盈，长着一个圆滚滚的爬行动物的头颅。它的大嘴正在靠近我们橡皮艇的充气管处，热罗姆手里拿着一支船桨密切注意海豹的一举一动。他的船曾被豹海豹刺破。我们会和海豹一起落水的想法让我警醒，我禁不住想：如果这只豹海豹面对的是一只体形如我小臂一般大小而且此前从未游过泳的鸟，它会对这只鸟做什么呢？

过了一会儿，我终于看清它在做什么了，我拍到它正在剥一只企鹅的皮：它叼住企鹅的头部，抡圆了在水面上快速抽打企鹅。它没有手来把持猎物，所以吃相很狼狈，但在慢动作播放时，画面太恐怖，让人无法直视，我相信这个片段不可能被编辑到节目中。虽说捕猎是天性，但自然影片的血腥程度是有限制的。黄蹼洋海燕像黑蝴蝶一样扑棱棱地掠过水面，啄起企鹅的碎块作为自己的食物。

迪翁也发现了一只海豹，而且它刚刚抓住了一只企鹅，道格·安德森准备潜水。道格·艾伦和我在水面上拍摄，我们能看到海豹围着安德森翻滚、转身，做着各种动作。他周围的泡沫和波浪让我们看不清具体发生了什么，但随着安德森深潜又上浮，死企鹅似乎一直在安德森和海豹之间漂动。

他爬到船上后，给我们讲述了一幅非常离奇的画面。海豹在他周围游动，嘴里叼着死企鹅，与其说咄咄逼人，倒不如说它的好奇心更占上风。它靠近他，接着丢下企鹅。企鹅快速下沉，安德森跟着向下潜游将企鹅捡回。当他握住企鹅的时候，它轻轻地从他手中夺走猎物，但又把猎物递回来：这只豹海豹竟然在向他献殷勤。

几番接触下来，我们开始对豹海豹有了一些了解，尽管它们的大部分生活依然不为人所知。很显然，它们在浮冰周围捕猎，浮冰既是它们的休息场所也是它们的藏身之地。在菲什群岛这片海域至少有 4 只海豹。它们经常爬到浮冰上睡觉，但它们似乎都在巡逻属于自己的海岸领地。然而这些信息还是帮不上我们：我们依然没有拍到海豹捕捉企鹅雏鸟的过程，而且这些小岛现在更空旷了。那些雏鸟已经三五成群地悄悄溜走了，我们不知道它们是如何离开的。

有 15 只企鹅雏鸟朝海岸摇摇晃晃地走过来。起跳时，它们会将鳍肢收起来，以与头部保持平衡。它们柔软的双脚落地时悄无声息，除非脚下的石块相互碰撞发出声响。它们很肥硕，甚至相当笨拙，而且它们似乎并不确定自己的前进方向，所以只要有 1 只雏鸟打头阵，其他雏鸟都会跟在它的屁股后面。有几只走的是正常的企鹅行走路线，但有 3 只走错了路，来到一处小小的绝壁上，这里距离海岸有 2 米的落差。它们呆呆地站在原地，爪子死死扣住地面，看上去有些惴惴不安。它们很希望与其他企鹅会合，但不知道怎么下去。其中 1 只企鹅突然身体前倾跳了下去，它双脚先着地，重重地摔到岩石上，但它一骨碌爬起来，毫发无损。如果你是一只企鹅，你会明白往下跳是不可避免的，而且它们似乎很期待这样。它们的鳍肢挥舞起来，身体绷紧，踮起脚，仿佛马上就要起飞。几只雏鸟从我面前走过，在我面前停了下来，几乎触手可及，它们温柔地凝视着大海，偶尔会有 1 只雏鸟侧过头朝我这边看。这些鸟之前从未游过泳，现在它们一字排开，对大海充满好奇。它们生存下去似乎不是问题。不过我还是禁不住想象它们如何应对不断缩小的冰面，阿德利企鹅的鸟巢还能在这些岛上存在多久。

我有时候也会想，我拍摄过的动物是否会灭绝，只留下这些影像作为它们曾经在地球上生活的记录。我拍摄过比这些阿德利企鹅更加珍稀的鸟类，但当我看着这些在我脚边游来荡去、梳理羽毛的雏鸟时，我的思绪再次泛滥：此情此景，就像你身旁围了一群已经灭绝了的渡渡鸟。阿德利企鹅可以继续向南寻找更多的浮冰，但南极大陆最终会挡住它们的去路，那时就将是它们终结的开始，因为企鹅永远离不开入海的通道。它们的种群也许会成为气候变化最早的牺牲品之一。

越来越多的雏鸟来到岸边。当它们从我身边经过时，我为每一只雏鸟送上祝福："祝你好运！祝你好运！祝你好运！"

这座海湾的景致每一天都不尽相同，不只因为光线变化，冰层也在移动。同样在变化的还有气候，从北面吹来的一场风暴带来了降雪。我们眼中的世界缩小到只剩最近的几块岩石和冰山。海风在索具间呜咽，并聚集起碎冰，压向"金羊毛号"，迫使它起锚转移。热罗姆将船开到一座小岛的背风处。这是很冒险的一个策略，由于风会改变方向，如果浮冰顺势围拢过来，我们将无路可走，不过我们已经别无选择。

2天后，我们将开始漫长的返回马尔维纳斯群岛的航程。我们还未拍摄到豹海豹猎捕企鹅的场面。来到这么遥远的地方，却没有完成我们希望的事，当然令人失望，但这就是南极：变化太快且无法预测。远处一只海豹拖着一具企鹅的尸体浮出水面，海豹正在抽打它，也引得海雀借着风势下来抢食。不过面对如此恶劣的天气，我们心有余而力不足。

等到暴风雪消停下来，很多企鹅雏鸟开始向岸边聚集。暴风雪延缓了它们的行动，现在它们已经为首次下海游泳做好准备，但它们入海的路被封堵了。大风一路把碎冰松散地堆积起来，并远远地延伸至海里。

我们每个人携带一部无线电台，按不同位置分散开，以求获得观察企鹅入海和海豹中途截杀企鹅的最好机会。凯瑟琳发现第一批雏鸟已经出发，但蹲守在最大的岛上的我看不到它们。随着潮汐变化，这里堆积的浮冰开始闪出缝隙。我的身后有一只成年企鹅沿着小路走下来，后面跟着一群雏鸟。它们争先恐后地靠近水边并朝水里张望，这一次我真的认为它们要走了。成年企鹅确认这里很安全，便从一个小缝隙潜入水中。开始有三四只雏鸟跌跌撞撞地跟在大鸟身后，试图待在一起。其中一只身体后仰跌入水中，当它触到水时惊慌失措，水花四溅；另一只继续往海里走，但对于独自行动心里也是惴惴不安，于是径直退了回来。不过它们的尝试似乎给其他企鹅增添了信心，它们这次一起行动。它们抬着头在冰间穿行，此时的企鹅更像心神不定的鸭子，靠着鳍肢一点一点地向前划动。刚到达开阔水域，它们便将头探入水下——终于有了潜水的冲动！一开始，它们潜水的时间很短暂，两次下潜之间还要学会换气。它们在短促的生命中，还从未独自做过事，它们大声地互相招呼着，保持紧凑的阵形，但现在并不是引起注意的好时机。

电台中传来利兹的呼叫："约翰，有一只海豹正沿着海岸朝你那边游过去。很快就会进入你所在的海湾。"

在阳光的照射下，浮冰表面就像一块破碎的镜子闪闪发亮，当海豹从浮冰群钻出时，黑黢黢的头部显得很突兀，接着又缩回水中。不过这些企鹅雏鸟根本没有注意到海面上的异常。一只企鹅正在练习鱼跃，蹿出水面又倒栽葱一般落入水中。另一只企鹅飞出水面但侧身落下，不过它们的学习进展快得令人难以置信，它们收获了速度和自信。距离它们离开海岸也就是几分钟的时间。一大块冰从一座冰山上塌落并猛地冲进海里。所有企鹅同时跃起：它们一定感受到了水下的冲击力。

企鹅群开始分化。七八只企鹅决定留在浮冰间。更为自信的游泳者则继续向海里游，出乎意料的是，海豹出现在比它们更靠近海岸的水中。企鹅的这次脱险有些侥幸，但它们与海岸之间每扩大1米，它们的安全就会增加一分保障。它们应该是做出了比较好的选择。

电台中又有声音传来，为上述图景增加注解并带着迷惑："道格，你们那里看到什么了吗？"

"海豹正跃出水面，观察企鹅出发的这个三角形的海湾。"

这片海域似乎生活着好几只海豹，它们意识到正在离开的企鹅较往常偏多。为了在浮冰间前行，企鹅雏鸟或是潜到浮冰下面，或是在浮冰表面上艰难地行走。无论哪种方式，它们都看不出豹海豹藏在哪里。

一只海豹出现了，它正在侦察浅水区，离企鹅更近了一步。企鹅还是没能看到海豹或听到海豹的声音，但危险迫在眉睫。海豹又潜入水下，我无法预测它接下来是否会在企鹅身边现身。有一只雏鸟掉队了，困在一条裂缝里，正在向其他企鹅呼救。我看到海豹的黑脑袋再次浮出水面。它看到或是听到了这只企鹅，并在水下悄悄靠近这条缝隙。猫捉老鼠的游戏放到这个场景就太小儿科了，这只雏鸟的当务之急就是脱离水面。利兹也看到了这一幕："约翰，你或许已经准备好了吧，不过这只阿德利企鹅雏鸟刚刚潜到水里。它正穿过碎冰区朝你那边游。"

　　一颗光滑的脑袋探出来，这是最直白的暗示，海豹换了一口气后旋即消失了。雏鸟浮出水面，一边呼喊一边在水中扑腾，拼命追赶其他雏鸟。现在海豹的长脖子竖在水面上仿佛一架潜望镜，不过雏鸟依然没有注意到海豹在尾随它。一座小冰山挡住去路。其他企鹅已经沿着坡爬了上去，这只落单的雏鸟一边用爪子扒住光滑的冰面，一边拍打鳍肢以蹬稳，它终于翻上了高高的冰面——暂时安全了。

　　冰山在移动，载着企鹅乘客缓缓地漂远了。毫无疑问，阿德利企鹅需要冰。事实上，这座小冰山挽救了企鹅的生命。我真心希望这些企鹅雏鸟永远与冰相伴，不仅能保证自己的生命安全，还能过上不愁吃喝的生活。

**14**

觐见帝企鹅

只有一种鸟对冰的依赖超过阿德利企鹅——帝企鹅。帝企鹅对冰冻之水是如此钟爱，它们绝不想踏上陆地一步。拜访它们是我 20 年摄影生涯的一大亮点，而且去往它们位于世界另一端的栖息地的旅程也是一次冒险。

埃里伯斯火山从舷窗前掠过，白雪皑皑，水汽缭绕。这座火山将近 4 000 米高，已经远远超过了我们这架飞机的飞行高度。我从新西兰飞到南极已经有 1 周的时间。途中我们经过了南冰洋上一个偏僻的地点，与我远在苏格兰的家处在完全相对的位置上。这周是在紧张的训练和准备中度过的。现在我挤在一架"双水獭"飞机后舱里，与我做伴的有雪橇、拍摄设备和潜水器材，还有法国水下摄影师迪迪埃，他为雅克·库斯托[1]工作过。我们团队的另外 3 个人已经在我们之前携带所有食品和宿营设备出发了。当飞机在位于麦克默多的美国南极科考基地前起飞时，我们对飞越冰冻之海还没有任何感觉。冰跑道有几米厚，每年的这个时候正值南半球的春天，即使在来自新西兰的大型喷气式运输机的重压下，跑道也只是有些变形。破冰船每年都会来此打通通往码头的水道，方便燃油补给船和货轮靠岸为基地补充物资。不过延伸至罗斯海的冰并不稳固，由于这与我们息息相关，我们非常关心它能持续多久。

---

1　雅克·库斯托（Jacques Cousteau, 1910—1997），法国海洋探险家。

在 90 分钟的飞行里，我基本上都在俯视下面有棱有角的冰块，奇形怪状，没有两块是完全重复的，就像一扇破碎的窗户上残留的玻璃碎片。

"我们还有 20 英里的路程，预计 7 分钟后飞到华盛顿角的上空。"飞行员莱克茜说。她是一位加拿大人，尽管非常年轻，但已经有丰富的在寒冷条件下飞行的经验。从驾驶舱内，她能看到哪里适合拍摄企鹅，以及哪个地方看上去不好。

"冰正在移动，你们可以看看可以在哪儿凿开蜂窝冰，露出下面的海水。希望我不是班门弄斧，我想你们应该更专业。"

我知道我没有这个水平，但我们有好专家相助。

莱克茜在空中盘旋，为我们提供方位信息。迪迪埃和我把脸贴在舷窗上，寻找我们希望看到的足迹，不过还是飞行员首先看到了。

"看那边，很多线条。那就是企鹅的踪迹，"她改变飞行方向，让我们正对着那片冰原，"那是一队企鹅，正返回栖息地。"

"那会是漫长的旅程，不是吗？"

"是的。你们将会遇到冰脊，只有走到近前才会知道它们有多大。你们会发现翻越冰脊是一项艰巨的任务。"

我能看到她所说的冰脊——大块浮冰被风或潮汐推到一起形成的一道道向上隆起的波浪线。它们就像冰墙，挡住了企鹅前进的道路。南极地区的飞行员的性命维系在判断冰面的粗糙程度和冰层的强度上，很快我们也将如此。

"你认为那块灰色的浮冰可以支撑起一架机动雪橇吗，莱克茜？"

"我不相信，但你们可能不得不过去看看，我猜。"

位于飞机另一侧的迪迪埃突然大喊："快看那些冰洞，它们都在那里游泳呢！"现在冰洞也映入了我的眼帘，3 个镜面般的水塘紧挨在一起，距离冰缘线也不远。

"它们跳下去了。这里就是我们潜水的地方！"

"问题是，去那里很难。"飞行员说，她又开始盘旋，我们顺便拍摄了冰洞和通往冰洞的踪迹的照片，之后掉转机头朝昏暗的海角方向飞，一座座大冰山耸立在附近。我之前在卫星图像上看到过这些冰山，但在那幅图像中，一片宽阔的深色水域将冰山与向远处伸展的冰面（我们刚刚飞越的区域）分隔开来。企鹅今天行走的那片坚实的冰面在图像中却显示为无数松散的浮冰——图片拍摄于去年 12 月初，现在是 11 月。我们接下来将在这里度过 3 周的时间，毫无疑问，这片冰面可能很快就会四分五裂，或许就从去年这座冰山的边缘开始：问题是从什么时候开始呢？

一片褪去银装的雪地出现在我们下方，上面黑点密布。"那就是栖息地了，"莱克茜说，"营地也马上就到。"飞机倾斜转弯，一组黄色的帐篷从翼尖方向进入视野，附近还有一片黑点。"我们将在北向跑道上降落，"她开玩笑说，"你们可能运气不错，没有风。"在之前的一次飞行中，突至的狂风让飞机在最后一刻被吹到了一边。

随着速度骤降，失速警报尖厉地响起，但我们没被吹到一边，滑雪板触及雪地，发出嘎吱嘎吱的声音——这是在海上，我提醒自己。我们朝帐篷方向滑行，我们的 3 位朋友和 50 只帝企鹅正等着我们，甚至莱克茜都爬出机舱给它们拍照。

帝企鹅是全世界最大的企鹅，如果你在它们面前屈膝跪下，它们正好与你对视。企鹅的眼睛与我们的不同：不是鼓出来的而是平的，这样可以在水下产生清晰的图像，而且在空中的成像效果也不错。在对任何动物都极端苛刻的生存条件下，这是众多帮助它们生存的适应性改变之一。帝企鹅向前探头并一直注视着我们。它们此前可能从未见过人也根本不胆怯。越来越多的企鹅连走带滑地从栖息地赶过来，似乎它们需要前进很长一段距离才能弄明白一个直立的物体。这是我第一次被误认作一只企鹅。

距离我们最近的一只企鹅转过身，竖起羽毛，不停抖动，让羽毛再次变得整洁，直到看上去像光滑细小的鳞片。它的头部是黑色的，仿佛盖上了一层天鹅绒。背部深色羽毛的毛尖呈霜白色，而身前的白色羽毛则闪亮似雪。黑色的线条从脖颈处一直延伸到每个鳍肢的根部，可爱而精致，仿佛书法家用一根粗大的毛笔写下的笔画，而笔画的边缘墨水洇开的地方就稍稍模糊。除此之外，它的身体上只有 3 处是彩色的：喙部两侧有粉色的软毛，而眼睛的后面和颌部下方则是落日的橙黄色。帝企鹅笔挺的站姿像九柱游戏的木桩，靠双脚和僵硬的尾巴组成的三脚架保持平衡。为了给头部搔痒，它开始扭曲自己的身体，在我看来更像一次滑稽表演：一条腿保持站立，另一条腿举到小短腿所能达到的极限位置，超过一侧的鳍肢，与此同时向侧下方伸长脖子。其实它的头和爪子只是刚好碰上，不过它似乎很享受。虽然这些企鹅看起来很笨拙，但它们完美地适应这里的海洋生活。

"欢迎来到华盛顿角！"雷厉风行的澳大利亚人查登负责此次拍摄任务，这和他在阿留申群岛时的角色一样。史蒂夫是一位美国司机，来自科考基地，来这里配合迪迪埃的工作。利亚负责营地的管理，她的工作似乎是所有人的工作中最难的。头两班飞机运来了堆积如山的装备，但她全都收拾好了，还搭好了帐篷。帝企鹅看着我们从飞机上卸下货物，之后当飞机在漫天的雪花中起飞时，它们又站在我们身旁。10 天后还会有一架飞机送来若干额外的食物，史蒂夫和利亚的替班也会同机抵达。在那架飞机到来之前，距离我们最近的人将是 130 千米外一座科考基地里的意大利人。这里非常安静，除非有企鹅叫唤，否则我所能听到的最大声响是耳际的血液流动。

等我们整理好摄影器材并将包裹放进帐篷时，利亚已经融了一大锅雪水，煮好了咖啡，做好了热餐。我们在用餐帐篷中进餐时，查登大致介绍了他的拍摄计划。他也看过了去年的卫星图像和刚刚在飞机上拍摄的冰脊照片。我们四人明天将乘坐两架机动雪橇轻装旅行，不携带摄像机，我们要设法找到一条通往冰洞的路。我们会使用对讲机与留在营地的利亚保持联系。她似乎已经做好了应对各种突发事件的准备，并将短波电台设定在与麦克默多站电台相同的频率。为了预祝探险成功，她特意制作了椰林飘香——掺了少量冰到能让牙齿打架的南极雪。帐篷外，在白茫茫的冰原上，高大的接地冰川散发出幽蓝的光泽。华盛顿角在身后若隐若现，冰雪覆盖的海岬只剩下一处黑色断崖的轮廓，腹地则是连绵的群山，就像月亮一样可望而不可即。

在我们到达这里 98 年前的 11 月 1 日，一队英国人从麦克默多附近的一座小屋出发，希望能成为首批徒步抵达 1 360 千米之外南极点的人。他们的特拉诺瓦探险队用了几个月的时间将食物和燃料运送到冰面上，为他们的首段行程提供给养，并等待探险队的归来。到 1 月初，他们已经翻过巨大的比尔德莫尔冰川，站在了南极高原上，并经过了他们最后一座补给站。接着最后一支后勤团队折返，极地探险 5 人组继续南下，每个人拖着一架载有重量超过自身体重的给养的雪橇。团队成员包括罗伯特·斯科特船长、爱德华·威尔逊博士、海军上尉亨利·鲍尔斯（绰号"波迪"）、海军上校劳伦斯·奥茨（绰号"提图斯"）和海军士官埃德加·埃文斯（绰号"泰菲"）。

当我从营地远眺腹地群山时，我想到了这 5 位先驱。在现代化的圆顶帐篷住所里，我打开了一个厚厚的睡袋，我很想知道他们在帆布帐篷和驼鹿皮睡袋中度过的夜晚会有多么寒冷。第二天早上，他们依然让我浮想联翩，因为史蒂夫向我展示了一架可以拉着我们的摄像器材穿越冰原的机动雪橇。这里是我有生以来到过的最荒凉的地方：人类不太适合这里，但斯科特极地探险团队在 1 个世纪之前所做的一切让我们能够正视困难。他们都是勇士，虽然最后无人幸存。

早餐过后，我们把物资装上雪橇，向冰海纵深进发。途中经过帝企鹅的栖息地，一支由成年企鹅与雏鸟组成的迁徙大军正从冰山的一侧向另一侧转移。它们并不筑巢，也不占据地盘，因此它们不用总待在一个地方。距离盛夏仍有几周的时间，但帝企鹅在南半球的冬季里就已经开始繁殖，它们的雏鸟现在已经相当大了。在五六月份，母企鹅会生下一只蛋，随后它们会把蛋转移到配偶的脚下孵化。公企鹅会挤在一起度过隆冬的黑暗和暴风雪，而母企鹅会回到海上觅食。大约 100 天后，它们的蛋就孵化了，而在此期间，公企鹅完全靠消耗自身的脂肪维持生命，母企鹅长途跋涉，越过冰原，把它们从困境中解救出来，同时这也是母企鹅第一次看到小企鹅。这些小企鹅绝对是你所能见到的最具魅力的雏鸟。它们的上部细长，下部则极其肥硕，仿佛梨子形状的绒毛玩具企鹅，身穿灰色连体衣，黑色兜帽，再配上一张小白脸。当它们相互寻找对方时就会发现，没有固定的鸟巢是一个劣势，因此雏鸟像鸣禽一样向父母发出动听的声音，同时左右扭动身体或者上下点头。尽管它们看上去荒唐可笑，但这确实是一个相当不错的拍摄题材，不过我们到这里来并不准备拍摄雏鸟，因为纪录片的这部分内容已经拍摄完成，相反，我们会跟随成年企鹅的踪迹翻越冰山，直到海上。

在两座冰山之间有一条狭窄的通道，两侧都有冰崖，其中一处冰崖上镶着一个鲜亮的蓝色洞穴。末座冰山的每个侧面都点缀着很多数米长的冰锥。它们是冰山顶部已经融化的壮观标志，融化后的冰水沿着冰壁滴落并重新冻结。我们在这座冰山的脚下停下机动雪橇。在去年的卫星图像上，这里是固定冰终结的地方。

我们面前的景象混乱不堪。冰被推挤成比我还高的冰脊。越过这些冰脊是一片开阔的区域，但接下来另一道长长的冰脊蛇行于冰面上，远处还有更多。黑白色的身影在冰脊之间的小道上游移。企鹅走过的地方，积雪已被踩平，它们的蹝趾动作还留下串串小坑。在冰面足够平整的地方，它们为了节省体力会躺倒在地，用脚蹬着冰面往前滑行。它们必须借助喙部和爪子费力地抓住冰面才能翻过每道冰脊，接着从另一侧滑下。它们没法停下来，而且经常重重地撞在一起。我们坐在机动雪橇上不能像企鹅一样爬坡，也不能从如此狭窄的缝隙里穿过去，但我们必须找到一条切实可行的通道，于是我们步行跟在它们后面出发了。昨天的航测图让我们注意到，冰区的边缘在几千米之外。如果你的腿像企鹅腿那样短，就会明白这段路很长，但这无法与母企鹅在冬季里的长途跋涉相提并论，那时大面积的海洋都处于冰封状态。

我们跨过填满积雪的宽阔冰缝，穿过被下部冰压推高形成的冰穹。在像今天这般平静的日子里，冰面可能是稳定的，但如果来自南极腹地的风吹起来，情况就会迅速发生变化，所以除了对讲机之外，我们还携带了一部卫星电话以应对紧急状况。即使这样，离我们最近的直升机也要飞行很长的距离才能把我们从浮冰上救走，而且不太可能在恶劣天气下飞到这里来。当我们匆匆尾随企鹅的时候，我感到风变大了。迪迪埃发现一群帝企鹅从另一边走过来：它们湿漉漉的，闪闪发光。这些企鹅看上去像涂过清漆的俄罗斯娃娃。越来越多湿漉漉的企鹅站在了附近，发出类似吹喇叭的声音。

迪迪埃发现了第一个冰洞，它还没有一张餐桌大。附近还有其他冰洞：我们跑这么远的路，就是为了找到这些其貌不扬的水塘。其中一个冰洞里浮出一只企鹅，获取新鲜空气。我们小心翼翼地走到水塘边，虽然从侧面看，你可能想当然地以为这不过是冰雪覆盖的田野中的一个小水坑，但俯身向下看，这是一扇通向另一个世界的大门。透过地球上最清澈的海水，我们直视无底的深渊，光线似乎汇聚成一个无比遥远的光点。水面波动时，光线就像风车的辐条一样旋转。一阵阵眩晕袭来，身体会不由自主地向前倾。

查登、迪迪埃和史蒂夫希望从这些洞口潜入水中，拍摄在水下异度空间中游荡的企鹅。为了实现这一想法，我们必须穿过冰脊把机动雪橇开到这里。迪迪埃大手一挥，说："我们必须开出一条路来！"

第二天早上出发前，查登核对时间并准时呼叫麦克默多站。

"你好，这里是华盛顿角。现在可以报告最新的天气状况吗？"

"你说哪里？"

"华盛顿角。"

"好的，好的。你们那里现在的天气如何？"

"在大约10 000英尺的高空有2/8的云量；西北风，轻风；气温大约是 −25℃。"

"好的，请稍等……这是你们的预报，云量：2/8；高度：10 000英尺；风力：西北风轻风；气温：−25℃。祝你们愉快。"

"啊……好的，谢谢。报告结束。"

我们不确定是否该对这种天气预报感到宽慰。我们往雪橇上装了铲子、一把大号冰镐、一根铁棍和一捆挂在铁丝上的小红旗。利亚已经在营地使用了两捆这样的小红旗，用来标记允许小便和倾倒洗漱水的地方。由于我们所有的用水都是通过收集并融化雪水获得的，所以最好不要忘记标记我们排水的地方，否则有可能误用废水。旗子很快就变得破烂不堪，我以为这是风的作用，直到有一天我认识到企鹅对旗子有多么着迷。那天早晨，一队企鹅正等着叼啄飘扬的塑料旗。

甚至在这样一个恍若异域的地方，我们也已经开始化陌生为熟悉，我们给沿途的标志性地貌都起了名字。我们驱车经过"脏冰山""V形一号冰山"和"带冰锥的末座冰山"，但在一个完全由冰冻之水构成的地方，这些地标可能变动很快，因此我们计划在冰脊沿线插上小红旗以标出我们的路线。我们可能需要在匆忙中或在暴风雪中沿原路返回，我希望企鹅能对这些旗子"嘴下留情"。

在第一道冰脊上凿出通道是体力活儿，我们很快便脱下了厚重的棉衣。平整冰面需要时间，但至少是可能的。我继续往前走，标记下一段路，其他人把雪铲到敞口的冰洞里。这时传来一阵吓人的响声，如惊涛拍岸，我猛地转身，只发现一只企鹅正肚皮贴着冰面滑行。原来它们也需要最光滑的通道，我们跟着企鹅的路线稳步前进，直到被迫停在一处大型障碍物前。我能听到机动雪橇从后面赶过来，但这道冰脊非常高，我还没找到可以穿过的通道。那只企鹅向右拐，费力地站直身体才挤过了一条窄缝，差一点儿把自己卡在里面。迪迪埃指了指左边说："那边看起来不错。到目前为止还算顺利，嗯？"

下午的时候，前面没看到几只企鹅，我的身后却有一长串企鹅。本应给我们带路的"导游"现在跟在我们后面：我们的冰路肯定变成了通往大海的最轻松的道路。

几个小时之后，我们突破了最后一道冰脊的阻碍，并慢慢把雪橇开到水塘边，有一群企鹅站在那里。在海里捕了1周的鱼，它们的肚皮变得鼓鼓的。水里还有另一群企鹅在上下翻滚、沐浴。离家2周后，我们才找到把摄像机和潜水装备带到冰缘线的通道——我们终于可以开始拍摄了。

在冰洞附近单薄的冰面上，我小心翼翼地支好三脚架和摄像机，准备拍摄企鹅跃出水面的镜头，而迪迪埃和史蒂夫在为他们的首次潜水做准备。当他们穿好全套潜水服坐在池边时，查登把装在笨重的保护套内的摄像机递给迪迪埃。

"如果你在冰面之下遇到豹海豹有什么打算？"他问。豹海豹猎捕帝企鹅的方式和它们猎捕阿德利企鹅的方式几乎相同，即在企鹅进水出水的时候伏击它们。如果有一只豹海豹在此现身，看到等在洞口的是迪迪埃，心中肯定不爽。

"没有打算，"迪迪埃说，"见到就拍呀！"水面猛地翻腾了起来，他和史蒂夫消失在海水中。我脚下的冰面开始吱吱作响。这是潜水者呼出的空气从微小的裂缝中逸散出来了；这也提醒我们他们就在离我们很近的水下。此时此刻，任何此地坚如磐石的幻觉都会迅速消散。脚下的水深大约是 300 米。帝企鹅可以轻松到达海底并待在那里捕鱼，每次大约 20 分钟。与企鹅不同的是，迪迪埃和史蒂夫不能远离洞口，那是他们返回的唯一通道。

我透过旋转的光线向下看，远处有一群企鹅像水生甲虫一样朝我这个方向升上来，身后拖着一串银色的气泡。它们浮上水面，将其中一个洞口塞得满满当当，向前翻滚着换气，接着挪开一条道让其他企鹅换气。它们再次潜水并从正前方离我最近的洞口涌出：20 只很重的企鹅冲出水面，气泡炸裂，水花四溅。它们的跳跃堪称完美，一切都是为了防备海豹守在洞口偷袭。绝大多数企鹅动作娴熟，肚皮着地并发出很大的拍击声，不过由于太多的企鹅采用同样的方式离开，冰冷的海水四下飞溅，洞口的一侧"砌出了"一道冰墙。从水下应该看不到这堵冰墙，一些企鹅以极快的速度砸在冰墙上。我能听到在重新落入水中之前它们强有力的胸骨与墙体的碰撞声。其他准备一飞冲天的企鹅为了避免碰撞，在刹那间突然转向并深潜入水，以再次尝试。一只企鹅迎头撞进冰墙，喙嘴插入冰中，脖颈扭曲变形。最终，它滑落下来并消失在水中。水波不断涌上冰面，微小的气泡咝咝作响，持续了一段时间。出水后的企鹅手忙脚乱地离开洞口，平衡好自己的身体并有意无意地回头看我们一眼。就像冰墙一样，当初它们入水的时候，我们并不在这儿。不过与在栖息地等待的雏鸟相比，我们无足轻重，于是它们转身离开了。

迪迪埃和史蒂夫也浮出水面，我们吊起他们的摄像机、气罐和配重带。他们为自己的所见所闻激动不已。他们嚅动着冻得麻木的嘴唇告诉我们，他们拍到成群的企鹅像成挂的鞭炮一样挤在洞口处，一道道气泡在水中扭曲摆动。海水的温度是 −1.8℃，由于盐分的存在，它并不结冰。迪迪埃把一只漏水的手套扯下来。半个小时之后，他的手指依然无法完全自如地活动。他计划明天潜水时，视情况增加一些拍摄内容。不过，我们还未回到营地，一场暴风雪就已经到来。

　　每个首次来到麦克默多站的人都要修一门课，内容是一个人在携带最有限的装备的情况下被困冰面，他该如何应对。要是不参加这次培训，你很有可能在被找到之前就已命丧黄泉。这门课程叫"快乐露营"。

　　我们被带到一处看不到基地的冰海上，它位于麦克默多海峡的另一侧，可以看到皇家学会岭的全貌。我们的导师迪伦指给我们看以斯科特伙伴们的名字命名的冰川。离我们最近的冰原上的岛屿是怀特岛，斯科特团队在前往南极的路上曾经途经此岛。起初，他们使用效率极低的矮种马和拖车拉着一些沉重的装备前进。在两周之前，一个挪威人的团队在罗尔德·阿蒙森率领下离开他们更靠东的基地，只靠狗拉雪橇和滑雪板轻装前进。到达南极点的追求已经变成了一场竞赛。

　　迪伦解释道，如果发现自己陷入困境，我们的第一要务是修庇护所。我们练习搭建一座金字塔形帆布帐篷；与斯科特带到南极点的样式相同。时至今日，当重量已不是问题的时候，它们依然具有使用价值。我们还造了一座名为"昆则"的冰屋：把背囊堆在一起，盖上一块防潮布，并用铲子在顶上堆雪，接着把雪捣实。雪很快便凝固成新的形状，一两个小时之后，雪顶已经坚固异常，人站在上面都没问题。我们从洞口把背囊拉出来，然后人爬进去，里面可供五六个人避风。绿色天花板散发着莹莹绿光，人的身体很快就会让空气变得暖和起来。我尝试挖一个雪洞睡在里面。迪伦说，挖雪洞也有技巧，先挖一个很窄的壕沟，接着从下方拓宽。雪是一种很好的建筑材料，在洞穴的一侧墙壁上挖出一个睡觉用的凸台应该不难，这样冷空气会继续往下沉。如果把一架雪橇倒扣过来作为屋顶，留出的净空刚好够在雪地上铺一块气垫。我们还建了一堵雪墙以隔开就餐区域，当然，我们明白融化雪水烧水做饭很费时间。在高寒地区生存很耗费精力，但迪伦的解释也很到位，生存仰赖于保持积极的心态以及你所要采取的对策。

夜里在雪洞中，我呼出的气息凝结成霜。它们悬在洞顶上就像薄薄的一层毛皮。偶尔有碎片飘落下来，让我露在睡袋之外的脸有些痒。我在思考我们是怎么弄好短波电台的天线并调整长度以适应不同频率，我们竟然听到了南太平洋上韩国渔船的通话。我们重新调节电台，与位于南极点的美国科考基地轮流通话。斯科特的探险队没有配备便携式电台，因为那个时代还没有这些装备。他们无法传送在南极点发现挪威人旗帜的消息，而且在返程途中受困于恶劣天气时，也无法寻求帮助，实际上他们距离最终的补给站不足 17千米。迪伦也和我们谈到斯科特他们的遭遇，谈到当环境恶化时该怎么做：返回，等待，还是继续向前推进？如果你决定继续，则要懂得如何尽可能地减少曝露在风险中的时间。

斯科特失败的部分原因在于他决定不使用狗拉雪橇，因此他的行程花费的时间比阿蒙森团队多得多，而且他的团队不得不拉着更多的食物和燃料。直到次年春天他们的尸体才被找到——冻僵在金字塔帐篷外面的冰面上。他们留在了那里。同事们用帐篷布裹住他们，并把他们掩埋在雪里。很久以前他们就成了罗斯冰架的一部分，并与冰架一起慢慢朝海洋移动。在大约 270年之后，他们将到达冰缘线，之后或许会被葬在某座冰山里，四处漂泊。

在华盛顿角，我们每个人都有自己的卧帐，还有 3 顶公用大帐篷：1 顶用餐帐篷和 2 顶存放摄影器材和潜水装备的帐篷。这 3 顶帐篷都有燃气供暖机组，除了睡觉时会脱衣之外，这些地方是唯一可以让我们脱下臃肿的红色外套的温暖处所。带加热的帐篷也存在缺点：1 周之后，本来冰冻的地面会变薄，但搬家又很费时间，因为拉绳不是用钉子固定的——钉子很容易在风暴中被拔出，相反它们是用俗称"地锚"的水平环状长竹条深埋于雪下固定的。既然风一直在吹，搬帐篷的事就要先缓缓，我们只好忍受坑洼不平的地面，当防潮布上汪出水时，我们就在外面滚好雪球放在水洼里吸收水分。我们利用这段时间检查到目前为止拍摄的素材，并保养摄像机。迪迪埃修补他扯裂的手套。送给养的飞机计划今天来，但天上什么都没有，风又这么大，想必是推迟了。

在"快乐露营"期间，我们练习检验一场暴风雪的危险程度。我们被要求寻找外出未归的同伴。我们共有 8 个人参加训练，头上戴着大白桶模仿患上雪盲的人：除了自己的脚之外，我们什么都看不到。我们知道不能走失一个人，于是我们从一个固定点引出一根绳索，然后沿绳索等距离站好位置，接下来便按弧线来回搜索，每一次将绳索延伸一段扫描区域，但什么都没发现，这时我们才意识到我们对时间的理解出现了偏差。失踪的人并未穿外套——所以她出行的距离应该只是去厕所帐篷的一小段路。最终，有人被躺在雪中的同伴绊倒了。迪伦告诉我们，大多数小组在训练时甚至连这一点都没做到。

在华盛顿角去厕所帐篷时，我始终将这一点铭记于心。我们用很多小旗子标记出这段小路，时至今日我依然为它们感到高兴，因为仅仅跨出几步，前方的世界除了拴在一根铁丝上的三角形小红旗之外便空无一物。没有地面也没有天空。这个世界不是黑暗的，但在每一个方向上只有令人抓狂的、均匀一致的白色。没有显示高度和深度的阴影，我被雪堆绊倒，又在无意中栽进坑里，完全是摸黑下楼和踩空楼梯时的那种深一脚浅一脚的感觉。身体甚至很难站直，仿佛重心偏向了一边。等到了厕所之后，心中悬着的大石头才会落地。

一连 3 天，大雪下个不停，雪片有我半个大拇指那么大，现在帐篷周围的积雪已经齐腰深。此地已经有 20 年没遇见过这样强的降雪了：天气异常寒冷，空气湿度非常小。我们在帐篷间挖出通道，摇晃帐篷以免被雪掩埋。当然，在这种情况下，我们也没法去冰缘线，连企鹅都离开了我们的营地。它们无法行走，也不能滑过厚厚的雪堆。等待正在耗尽我们宝贵的拍摄时间，不过滞留在冰海上给我带来了一个额外的惊喜：我躺在自己的卧帐里，听到神秘的声音透过冰层传来。它提醒我下面有什么东西，而且下面不是陆地。竭力倾听这些声音就像在搜索电台，从静默中找到外来信号：刺刺啦啦、此起彼伏的电流声和持久不断的音响。这是来自另一个世界的声音：威德尔海豹的声音。威德尔海豹是人类迄今为止发现的唯一可以在冰下游泳的海豹。它们用牙齿摩擦冰缘以保持呼吸孔畅通。公海豹会保护呼吸孔，防止其他海豹使用，因为这些孔不仅仅是用来透气的，母海豹还会爬出呼吸孔生产，之后可以继续交配。我所听到的声音来自公海豹，它们以此宣示自己的地盘并让竞争对手远离。它们像潜水艇一样在我们下方奇特的黑暗世界里通过，并发出声响。

　　风终于停歇了，冰面上重归宁静。雪地上的脚步声传进我的帐篷，咯吱，咯吱，咯吱：企鹅回来啦。咯吱，咯吱，咯吱……砰！（它们不知道拉绳是干什么用的。）

　　我们很想念它们的陪伴。当我们待在帐篷里时，帝企鹅会站在它们所能找到的最像企鹅的物体——潜水员的白色空气钢瓶旁。它们是很温和的鸟类，也是很好的伙伴，但你肯定不想让它们进到帐篷里：它们放屁是很吓人的。在帐篷外，它们陪着我们到处走：它们观察我们刷牙，它们吃力地跟着我们去厕所帐篷并等在那里——站在贴着"人类废弃物"标签的罐子旁。

　　在早期探险活动中，人们在雪地里挖个洞作为垃圾场。据说在那个较为蒙昧的年代里，美国南极科考站需要一个更深的垃圾洞，便从新西兰空运来一部推土机。由于飞机剩余燃料不足以完成着陆和再次起飞程序，于是当飞机飞过指定地点时，人们把推土机推出舱外，空投下去。可是降落伞太小了，无法真正发挥作用。制动火箭本应在最后几分钟点火，延缓降落伞的下落，但并未启动成功，推土机猛地摔在冰面上，立刻撞出了一个新坑，而它自己也成为坑里的第一件垃圾。

后来，人类制定了国际条约，严格限制可以带到这里并留下的物品，所以当我们离开华盛顿角时，我们将把所有东西带回麦克默多站，其中也包括垃圾桶。等到本科考季结束的时候，它们会和基地的其他垃圾一起被装船运到加利福尼亚州的圣迭戈。垃圾会有很多，因为麦克默多站已经达到一座小城镇的规模。它有一所医院、一座图书馆，甚至还有一辆消防车。基地的居民组建了几支乐队，其中一支乐队有个奇怪的名字——"情欲横流"，也许是为了纪念补给船每年一度在美国卸载垃圾时发生的事情。那一年，官方发布一项特赦令，以清除基地里越来越多的色情杂志。它们装满了一个大集装箱，并被运到了加利福尼亚。集装箱在吊上岸的过程中，一条钢缆绷断，几吨色情材料非常壮观地撒落在码头上。

第四天的早上，暴风雪终于过去，天空一碧如洗，新雪覆盖了一切。腹地景观最为引人入胜。随处都有微小的冰晶，阳光透过它们会产生色散现象。从不同的角度看，这些冰晶会闪耀不同的色彩。暴风雪期间，人们会担心此地的美景将不复存在，但恰恰相反，大风将积雪雕刻成新月形状的雪丘并在其表面留下复杂的图案。温暖是唯一可能摧毁这里（也包括海冰）的凶手。虽然我们一直蜗居在帐篷里，但白天已经越来越长，也越来越不冷了。

我们和企鹅并排站着，等待飞机到来。这个航班已经推迟6天了，但我们知道它已经起飞，会带来迪伦和玛莎，分别替换史蒂夫和利亚，还会再送来部分食品以及我极慢速拍摄企鹅会用到的摄像器材。迪迪埃和我已经在使用慢速拍摄，其最佳效果只能达到每秒150帧，回放时只有常速的六分之一。新摄像机能满足拍摄炮弹离膛和模拟汽车撞毁时安全带性能测试的需要，而且它在拍摄跳跃的企鹅时还有另一大优势：在缓存中储存每一帧图像，不间断循环，所以它可以进行"瞬时拍摄"。这个术语的意思是，虽然我仍要确定取景的位置并将镜头聚焦，但我可以等到动作发生后再按下录像键。不过，这并不意味着这款摄像机能在户外或在如此低温下使用，我们对它在这里能否正常工作一点儿把握都没有。

迪伦第一次去冰缘线时，我们将一根竹竿插在末座冰山旁逐渐扩大的裂缝中。现在这条裂缝有 2 英尺宽，竹竿直接掉进了海里。有微风从腹地吹过来，他建议我们应该暂停工作，讨论是否继续拍摄。我们大家都欢迎这个决定。查登提到了洞穴潜水者所坚持的原则：团队中的任何成员可以在任何时间提出他们希望返回，而无须给出理由。

迪迪埃做了解释。"我给你们讲讲我们洞穴潜水的经历，"他说，"我正在一个洞穴中潜水，我们在几百米深的地下，水体像玻璃一样清澈，你们知道接下来发生了什么吗？地震！能见度瞬间变成零。只有这么一小段细绳引导我们撤退。"他伸出拇指和食指，几乎要碰在一起，向我们表示维系他们生命的细线就那么长。"如果它断了，我们都会死掉。每个人都要为了他自己。"

现场一片寂静，我们都在品味这番话。或许洞穴潜水模式本身就不是最佳模式。

迪伦提醒我们，我们可以通过减少在水下的时间控制风险。当我们爬上机动雪橇，出发寻找冰路的时候，我在想如果我们匆匆撤退的话，我收起那架慢速摄像机要花多长时间。

所有的旗子都被掩埋了，但我们还能记得转过几道弯，而且企鹅似乎也可以做到。令人欣慰的是，我们的前进速度很快，用了不到半小时便到达了冰洞区域。企鹅会是最先告诉给我们冰层已经断裂的信使：如果它们可以跳进末座冰山旁的海里，那么我们很快就会发现我们自己站在了孤岛上。

迪伦开始钻孔。在麦克默多站时他教过我们，如何使用电钻再配上我所见过的最长的钻头检查冰层厚度。电钻立起来比我们还高，花了几分钟的时间才触及液态水，冰层的厚度有两米。说实话，为了减少载重，我们还带了一把手钻，但我们只是想表明企鹅冰洞附近的冰层厚度仅跟我的手掌一样宽。当然它足以支撑起一个人，甚至一架雪橇，因为它所承受的重量会通过大轮距分散开来，但我们也清楚，我们所有人再加上一堆沉重的器材站在同一个地方无疑是愚蠢的行为，而且还要考虑到风和太阳照射冰面的因素。

"无论哪个方向的风力加大，都会加快冰层的断裂，"迪伦说，"虽然前段时间始终是阴天，但冰层一直在变温暖。长波辐射穿透云层，冰层吸收它的能量。短波辐射会反射回来，但却无法逸出云层，所以也会加热物体。这就是说，冰层在阴天时获得的热量比在晴天时还要多。如果几天前脚踩下去还嘎吱作响的冰面现在变得泥泞，那一定要多加小心了。"

我把慢速摄像机套件摊放在周围的冰面上，接着用线缆把摄像机组装起来。看起来就像在户外组装一台电脑，还有企鹅站在身后看我干活："系统设置——选择"，哔哔，"视频长度——100"，哔哔，"拐点——开"，哔哔，"亮度——正常"，哔哔。菜单中的参数相继设置完成，直到最重要的一个参数出现在屏幕上："帧速率——750。"每秒750帧，这就意味着回放速度只有常速的三十分之一。好啦！现在可以把这架摄像机对准快速移动的物体了。

很快，一群企鹅在最远处的冰洞口浮出水面，和原先一样换气。我已经把镜头聚焦在最近的洞口，我认为它们会从里面跳出来。照相机随时可以启动，我提醒自己，千万不要一看到它们就按下录像键，但后来证明这种想法无论如何都是违反本能的。它们潜下水，几乎立刻就在我面前弹射出水面，"砰"地摔到冰面上并四散滑行。我距离这个洞口实在太近了，一只企鹅从三脚架的腿间滑了过去，其他的企鹅则拖着摄像机的线缆滑行。一眨眼的工夫，企鹅便跑得无影无踪，我猛击按键，存储录像。在如此之高的帧速率下拍摄只是一瞬间的事，我是否拍下了任何有价值的图像就不得而知了。

回放花了一些时间，画面刚开始出现时，除了一泓静水倒映出若干冰块之外什么都看不到。倒映的景象有些畸变。不过爆发即将开始：一个尖锐的喙部刺穿水面，就像亚瑟王的神剑从湖中飞出，紧接着是帝企鹅头部的王冠和眼睛。一层水膜附在它的身体表面，平滑地向下流动，仿佛这是闪闪发光的第二层皮肤，完美地反射着太阳光。鳍肢触及这层"水肤"时，便将之击得粉碎。整只企鹅从镜头中穿过、离开，拖曳着水花。这样的画面令人震撼。在接下来的几小时里，我拍摄了很多企鹅跃起和坠地的画面。我最喜欢的一组镜头是一只企鹅飞过了跟我的头一般高的冰块，四散的水花在强光的照射下恍若绚丽的钻石雨。

迪迪埃也非常满意他潜水拍摄的素材，这会儿他已经出水并擦干了身体。查登决定冒一次险，迪迪埃靠近洞口拍摄时，他可不敢这样做。这架慢速摄像机有水下保护套。它在设计上只能用于热带地区拍摄，除了有一次将摄像机泡在浴缸中测试过密封性之外，还没有真正使用过。摄像机也从未在寒冷的环境中试用过。如果能成功，它所拍摄出的影像绝对是超乎想象的，但如果不成功，海水就会涌进摄像机里，我们也不可能将之修复。摄像机一旦被放进保护套，使用起来就会相当麻烦。由于无法加装取景器，我们只能把摄像机绑在一根杆子上并沉到水里，之后再通过监视屏看图像；为了避免眩光，我们要蜷缩在外套下盯着监视屏；为了确定焦距和曝光量，我们还要将杆子拉回来，一丝不苟地擦干保护套，然后松开保护套的螺栓，取出摄像机，做相应调整，再反向重复上述过程。我们这样做了几次之后才算完成设置。摄像机终于可以在水下工作了，拍摄角度几乎是正下方。我们可以看到光线在水中舞蹈，但现在天气开始变坏。风依然直接朝海上吹，而且风力正在加强。一只纯白色的雪鹱在灰白色的大海上方滑翔。根据在南极地区工作的水手的说法，这些海鸟预示着一场风暴即将到来。浮冰正在被吹离冰缘线，我们必须离开了。我正要收起摄像机，一只企鹅扫过镜头，瞬间就不见了，不管怎样，我还是按下了录像键。我们把摄像机拉上来并以最快速度打好包。当我们到达末座冰山时，华盛顿角已经消失在阴云之中。

回到营地，我们要下载拍摄的素材，清洁摄像机和潜水装备，所以直到晚上我们才有机会观看水下慢速拍摄的镜头，现在只是低画质版本：高画质版本仍在等待从存储卡中转存出来。在用餐帐篷里，我们围拢在笔记本电脑旁。

监视屏上除了幽暗的海水什么都看不到。企鹅进入了画面底部，背对着我们，然后慢慢上升，从画面正中央穿过，身体两侧的鳍肢笔直地伸展着——完全对称。从尾部和颈背部羽毛中减压释放出的空气汩汩涌出，像一道银色的溪流，并在周围水流的带动下形成旋涡，企鹅离开许久才慢慢消散。

迪迪埃打破沉寂，说："我们用不着重新拍摄了吧，嗯？"

他知道这将意味着牺牲掉他继续与企鹅一起潜水的机会。但我们谁也没有意识到这第二场风暴会把我们困在营地里直到最后一天，也不会想到，我在这段时间里犯了一次可怕的错误。

从摄像机的内存卡下载数据是一个缓慢的过程，我有条不紊地将这些内存卡分成两堆：那些等着下载到硬盘的和那些我已经复制完成的，后者是可以安全删除数据并重新使用的。当时为了观看低画质版本，我已经处理完企鹅像银链上的十字架一样上浮的素材，于是我就把这张存储卡放在了"已完成"的那一堆卡中并删除了数据，却忘记了我还未下载高画质版本。低画质版本达不到在电视纪录片中使用的要求，尽管我们尝试了各种办法恢复丢失的数据，但这份独特的影像还是永远离我们而去了。

飞机将在明日抵达，在此之前，整座营地必须打包完毕，但风暴依然在肆虐，也在把我们返回冰洞做最后一次尝试的机会一点点带走。玛莎仁慈地和大家说，如果大风能在今晚停歇，她将一个人拆卸所有的帐篷，所以我们晚上便尽可能地把行李都打包好。当我们休息时，帐篷依然在风中抖个不停。

查登在凌晨4点时把我唤醒。周围万籁俱寂，我们将准备好的器材扔到雪橇上并以最快速度赶到末座冰山。远处的冰尚未消失，于是我们向前推进到冰洞区域。我同样以最快速度组装好摄像机，却发现我在匆忙中把监视屏落在了营地。没有监视屏，我无法构思画面也无法把画面显示出来，查登一句责备的话也没说便返回营地去取监视屏。不带拖挂的机动雪橇开起来很快，但即使这样，我们珍贵的时间又流逝了不少。

不到1小时，他便赶了回来，同时告诉我们企鹅大部队正在朝着我们这个方向运动。我把头藏在大衣下等着它们，同时可以在监视屏上看到冰缘线的水下景观。我能听到它们在我的身边集合，这群企鹅大约有50只，正在相互召唤，准备行动。它们突然用双脚和鳍肢拍击冰面，然后争相跃入水中，也在镜头中留下了自己的倩影。当最后一只企鹅从冰面上消失时，我停止了摄像。在回放的屏幕上，我们慢速观看它们的行动：原本笨拙拖沓的企鹅都变成了美丽的水下飞仙，从我们身旁潜入蓝色之中，去往我们永远无法跟随的地方，旋转的光束在它们身上留下迷人的斑点。

在那块单薄的冰面上，在距离家乡半个地球远的地方，我享受到难得的欢愉。

在麦克默多站的最后一天，我爬上了观测山，俯瞰这座基地，还有工作间、实验室和能容纳1 000多人的住房。远处有一间斯科特的特拉诺瓦探险队用过的小木屋。山顶上还矗立着他们留下的木制大十字架。在十字架旁，你可以向南眺望南极点和罗斯冰架，1912年，斯科特团队便葬身在那里。十字架上刻着他们的名字，而在他们的名字下方镌刻着丁尼生创作的《尤利西斯》里的一行诗句：

去奋斗，去追求，去发现，但不要放弃。

　　如果有可能选出自然世界以及我们人类社会的英雄，我的选择会是帝企鹅，而上面那行诗也会是它们的座右铭。

结束语
## 那些触动人心的影像

        总体来说，我比大多数父亲在外面跑的时间长，但有时我又能在家里待上挺长一段时间。在这段时间里，我有时会跟我的儿子罗恩一起大清早起床去寻找海獭。他急切地想给海獭拍照片，但我们都知道海獭天性机警，我们从未近距离观察过它们。我很想告诉他，花些时间仔细观察动物是我所领悟到的最重要的事情之一，不管你是否带照片回家。

        今天是观察海獭的好日子：没有风，可以看到一只母海獭和一只幼崽在海面上捕鱼时留下的银光闪闪的涟漪。它们咀嚼猎物的声音，顺着平静的水面清晰地传到我们的耳朵里。它们适时地游过来，爬到一块覆满水草的礁石上休息并相互梳理毛发。它们蜷缩在一起开始睡觉，这是罗恩抵近观察的好机会。他花了15分钟匍匐前进，海獭稍有活动，他就静静地趴着不动，接下来他待在水里耐心等待。两只海獭都迅速入睡，但腿和胡须仍在抽搐：它们在做梦。尽管海水很凉，但罗恩并未弄出响动，直到上涨的潮水唤醒了小海獭，它爬到妈妈的头上把妈妈弄醒。它们伸伸懒腰，四处张望。罗恩趁机抓拍。水那么冷，但他始终神采奕奕，坚持拍摄，直到海獭游走。我很为儿子骄傲。

        这便是自然世界的意义所在：即使没能通过分享两只海獭的生活瞬间收

获欢乐和责任感，在公园里观察鸟儿嬉戏和蝴蝶啜饮花蜜也能让人沉醉。野生动物影片可以激励我们亲自领略大自然之美，但若不具备亲自体验的可能性，例如野生动物生活在远离人类社会的地方，或者它们早在我们出生之前便不复存在，它们的影像也能与我们的记忆融合，让我们感到自己与它们似曾相识。

2014 年，我前往位于华盛顿特区的史密森尼学会，去看一只名叫"玛莎"的鸽子，它死于 100 年前。这只母鸽是其同类——旅鸽——的最后一只。旅鸽曾是北美乃至全世界数量最多的鸟种。与它的"会面"是一个具有深远意义的时刻：我很愿意拍摄巨大的鸽群遮蔽美洲的天空，或者它们一个鸟巢密布的栖息地，但灭绝是永远无法回避的话题，在我旅行期间，我看到这一幽灵在越来越多的野生动物的头顶上游荡。

算起来，我错过拍摄旅鸽的机会已经隔了几代人：我的祖母刚好生于玛莎死亡前，与我有世纪之遥。1914 年时，从事摄影的人还不多，因此只有为数不多的照片表明最后一只旅鸽还活着。虽然那时根本没有动态影像，但那些颗粒感明显的黑白照片比标本更触动人心。

自从照片记录了玛莎的最后时光开始，摄影术有了长足的发展。我们现在所能制作的影像比以往任何时候都更加生动，更加细致入微，不过最大的变化还是近些年的事情。我们每天都能看到新的影像，在这一过程中，摄影技术扮演了比摄影器材更为重要的角色。如今，大量的影像竞相吸引我们的注意力，我们所关注的影像都有最为引人入胜的剧情。

这正是野生动物影片必须做到的——如果它们要带来改变，如果它们要帮助下一个走入末路的"旅鸽"物种。动态影像能讲得好故事，可以把我们从未真正见过的动物展现在我们眼前，包括那些深陷困境的动物，例如漂泊信天翁或阿德利企鹅，以及那些像游隼和南极毛皮海豹一样种群数量奇迹般恢复的动物。只要你我的孩子都在观察它们并为生活在这样一个迷人的世界而感到幸运，他们就在保护野生动物和它们的家园的道路上又前进了一步。那些引人入胜的影片能让我们关注我们可能会失去什么，不只是最具吸引力的物种，还有一切复杂而美丽的自然奇观。

　　"触动人心"这个词恰恰是我们的影像应该具有的最为重要的意义，如果它们做到了，或许我们中会有更多的人选择站在自然界一边。

# 插图说明

1. 海鸥，阿留申群岛，阿拉斯加

2. 帝企鹅雏鸟，南极洲

3. 游泳的熊，东北地岛，斯瓦尔巴群岛。摄影：贾森·罗伯茨

4. 公北极熊，斯瓦尔巴群岛。摄影：贾森·罗伯茨

5. 海獭，阿盖尔郡，苏格兰。摄影：罗恩·艾奇逊

6. 巴布亚企鹅与海狮，马尔维纳斯群岛。BBC 供图

7. 狼群捕猎，黄石国家公园，美国

8. 帆布伪装帐篷，斯瓦尔巴群岛

9. 棚屋，斯瓦尔巴群岛

10. 摄影船，斯瓦尔巴群岛

11. 帝企鹅与成堆的器材，南极洲。摄影：查登·亨特

12. 瀑布，东北地岛，斯瓦尔巴群岛

13. 印度虎，班达迦国家公园，印度。摄影：迈克·甘东 / 约翰·艾奇逊

14. 绒鸭，斯瓦尔巴群岛

15. 游隼，纽约，美国。摄影：保罗·汤普森

16. 印度虎旅游，班达迦国家公园，印度。摄影：迈克·甘东 / 约翰·艾奇逊

17. 猞猁，育空地区，加拿大。摄影：亚当·查普曼

18. 帽带企鹅，南极半岛

19. 阿德利企鹅，靠近南极圈

20. 简易金属保护罩（"移动堡垒"），伯德岛，南大西洋。摄影：迈尔斯·巴顿

21. 海豹繁殖季的码头，伯德岛，南大西洋。摄影：迈尔斯·巴顿

22. 漂泊信天翁求偶表演，伯德岛，南大西洋

23. 北极熊一家，斯瓦尔巴群岛。摄影：贾森·罗伯茨

24. 镜头中的鲣鸟，弗伦奇弗里盖特沙洲，太平洋

25. 白鹤羽毛，鄱阳湖，中国

除另有说明外，所有照片均由作者拍摄。

致　谢


　　人们时常会问我，野生动物或摄影术来到我的身边是否有先有后，而我的回答是它们是一起来的。我对野生动物的兴趣源自我的母亲，她经常带着我和我的姐姐到大自然中漫步。到了野外，我们会像她小时候那样，使用从树林里和田野上发现的材料制作各种东西。我的父亲是一位工程师，喜爱摄影。他用饼干箱制作了我的第一台照相机，并给我演示如何冲洗照片。我非常感激他们，一来因为他们开车拉着我在各个自然保护区之间穿梭时始终保持耐心，二来也因为当我攒在果酱瓶里的零钱还远远不够买得起我的第一架双筒望远镜时，他们给予我的帮助。我的这些兴趣能变成现实要感谢我们全家人的朋友马丁·巴格斯。他到野外拍鸟时会带上我，并用赞许的眼神欣赏我的处女作。我的生物老师尼克·奈特也给予我很大的鼓励。

　　与几乎所有野生动物电影制片人一样，正是大师级的大卫·艾登堡让我认识到，我可能找到了适合自己的职业。有一天我在电视上看他的节目——他举起一片叶子表明白色尾皮蝠的存在。世界上竟然存在如此怪异的动物，还有什么能比拍摄它们更让人梦寐以求的呢？

　　已故的杰弗里·博斯维尔为我提供了在皇家鸟类保护协会影片部的第一份工作，他鼓励我和德里克·尼曼一样，在拍摄影片的同时坚持写作。理查德·布罗克在BBC从事同样的工作，继任者有彼得·琼斯、约翰·斯帕克斯、尼尔·奈廷格尔和迈克·甘东，他们都做过《自然世界》纪录片的编辑。萨拉·布伦特是BBC自然历史部一位优秀的电台节目制作人，她将我的拍摄经历制作成了广播节目供四台播出，她是让我保持写作激情的最大动力。谢谢你，萨拉。

野生动物影片的拍摄凝聚了团队的努力。本书已经介绍了一些团队。我与很多人分享了团队的拍摄旅程，并且为自己能参与其中感到十分荣幸。他们是我身边最有趣、最积极主动和最慷慨大方的人。

在此我要特别感谢与本书所述及的拍摄行程相关的人，排名不分先后，他们是：阿拉斯泰尔·福瑟吉尔、瓦内萨·波洛维兹、迈尔斯·巴顿、亚当·查普曼、安德鲁·默里、马克·林菲尔德、休·科尔代、马克·布郎洛、弗雷迪·德瓦、马特·斯沃布里克、查登·亨特、杰夫·威尔逊、贾森·罗伯茨、斯泰纳尔·阿克斯内斯、比约内·克维恩莫及"哈弗塞尔号"的船员、特德·吉福德、马特奥·威利斯、热罗姆·蓬塞和迪翁·蓬塞、凯西，塞利内和"金羊毛号"的其他船员、伊恩·麦卡锡、"乔纳森号"游艇的船主马克·范德韦格（他的游艇被海象毁坏了）、道格·安德森、道格·艾伦、克里斯·沃森、凯瑟琳·杰弗斯、伊丽莎白·怀特、贾斯廷·马奎尔、南森·巴德、凯西·卡西克、鲍勃·兰迪斯、约翰·希尔、托尼·蔡特与金·蔡特、纽岛自然保护信托机构的乔治娜·斯特兰奇、迪迪埃·努瓦罗、理查德·沃勒科姆、道格·珀赖因、埃伦·侯赛因、曼迪·斯塔克、菲尔·查普曼、汉娜·博特、艾可与中国团队、迪格帕尔·辛格、拉姆珈·古普塔、托比·辛克莱、埃米莉·温克斯、安德鲁·亚姆、绒鸭农路易斯、兰斯·古德温、彼得与托马斯·乔、保罗·汤普森、马特·威尔逊、戴维·贝利、杰丝·法雷尔、史蒂夫·路易斯、汤姆·克罗利、吉姆与阿丽莎·麦克唐纳。

我们还有很多幕后英雄，他们是制片人、制片协调员和研究人员，为像我这样幸运的人安排拍摄行程。他们很少去令人兴奋的地点，而且经常被人忽视。谢谢你们。没有你们，无论是影片的拍摄还是本书的出版都不会成为现实。

也要感谢琳达·巴肯，她允许我从她的博客中援引有关斯瓦尔巴群岛的资料；史密森尼学会鸟类部的克里斯托弗·纳达斯基，他让我参观了旅鸽"玛莎"的标本；介绍黄石公园内灰狼生活规律的里克·麦金太尔和劳里·莱曼；不遗余力地保护在纽约市内生活的游隼的纽约市环保局的克里斯·纳达尔斯基，以及为我提供游隼雏鸟更新信息的纽约州环保部的芭芭拉·桑德斯。另外，国际鹤类基金会的吉姆·哈里斯和萨拉·加夫尼·摩尔，英国南极调查局的理查德·菲利普斯和国际鸟盟的克莱奥·斯莫尔也都非常热情地提供了更新信息。

很多机构让我们的拍摄成为可能，这当中英国南极调查局发挥的作用最为出色，包括达伦·福克斯和尤恩·爱德华兹在内的驻岛科学家让我们的亚南极之行充满欢乐。国家科学基金会（NSF）和美国南极计划也提供了莫大的帮助，因为迪伦、史蒂夫、利亚、玛莎和莱克茜等工作人员为我们在华盛顿角的拍摄提供了切实的安全保障。也感谢美国国家公园管理局、美国鱼类和野生动物管理局、大纽约交通运输管理局（MTA）、斯瓦尔巴群岛的总督、中国江西省林业局以及印度环境与林业部，这些政府部门或机构为我们提供了特殊地区的拍摄许可。

简·史密斯、黛娜·麦凯、乔恩·克洛斯以及我的妻子玛丽·卢都亲自阅读了本书的初稿并提出了很多有益的建议，后期，我的代理人亚历克斯·克里斯托菲、技术编辑特雷弗·霍伍德也功不可没。爱丽诗·埃内贝里、朱利安·赫克托、阿尔伯特·德佩特里约和简·哈姆林为本书收录的内容提供了帮助。我很感激许多朋友允许我使用他们的照片，也感谢我的女儿弗雷亚画的富有艺术气质的地图。

　　作为图书写作的新手，我非常荣幸地遇到了约翰·戴维编辑。他不仅建议我以第一人称写这本书，而且在整个写作过程中都非常友好而幽默地指导我。书中出现任何错误都是因本人所致。

　　佩妮·丹尼尔和 Profile 出版团队为本书的出版倾注了颇多心血。

　　当我着手写作时，野生动物摄影师休·迈尔斯给予我极大的启发，不只源于他拍摄的优美影片，也源自他对待野生动物敏感而细腻的方式。还有很多环保主义者，例如奥尔多·利奥波德和汤姆·凯德，让我相信依然有野生动物等着我们去拍摄，依然有我们不甚了解却是它们赖以生存的奇境秘地。

　　如果没有家人的挚爱和支持，任何工作都不可能做好，这里尤其要感谢我的妻子玛丽·卢，她也从事影片拍摄的工作，所以她比大多数人更加明白我为什么要离家万里亲赴现场进行拍摄，也懂得我是多么希望自己能陪伴在家人身边。

　　野生动物影片可以激发人们对大自然的兴趣，但真正具体的保护自然环境和野生动物的工作是由很多个人和自然保护机构完成的。下面给出一些机构的联系方式，它们都做出了伟大的贡献，也需要我们的支持：

英国皇家鸟类保护协会
www.rspb.org.uk

英国野生生物基金会
www.wildlifetrusts.org

国家奥杜邦学会
www.audubon.org

世界野生动物基金会
www.worldwildlife.org

猫科动物保护基金会
www.panthera.org

国际鸟盟
www.birdlife.org

世界土地信托机构
www.worldlandtrust.org

塞拉俱乐部
www.sierraclub.org

游隼基金会
www.peregrinefund.org

1 在阿拉斯加附近的阿留申群岛，这里夏季聚集的海鸟比你在地球上任何其他地方所见到的都多。大部分是从澳大利亚飞来的短尾鹱。座头鲸也从热带海域游过来参加这场盛宴，它们将浮游生物大口吞下。

2  帝企鹅雏鸟生活在鸟类所能承受的最为严酷的环境之中。为了在南极洲 –60℃~–25℃ 的寒冬里生存，它们必须长成肥肥胖胖又毛茸茸的样子。

3　北极熊毛皮的保暖性极佳，而且北极熊还是游泳健将，但这头北极熊看上去又冷又乏。它终于爬上一块好不容易发现的浮冰并躺在上面，全身瑟瑟发抖。

4　我从"哈弗塞尔号"的船首拍摄这头大公熊时，它抬头看向我。北极熊是唯一经常隐伏跟踪人类的动物，而且它的严密监视会令人非常不安。

5    决不要打扰或危害你正在拍摄的动物。我的儿子罗恩为了不惊醒这只母海獭和它发育良好的幼崽，硬是
     在冰冷的海水里趴了好久。也正因为此，他看到了海獭大量极其自然的行为。——儿子，你是我的骄傲！

6    自然界充满了惊奇。每当这些巴布亚企鹅离开它们位于马尔维纳斯群岛（福克兰群岛）的聚集地出海
     捕鱼时，它们都要冒着被躲在波涛中的公海狮捕获的危险。每天傍晚，随着企鹅在回家的途中遭遇海
     狮的截击，一出扣人心弦的大戏就此拉开序幕。

7　在德鲁伊峰狼群的追击下，黄石公园内的这只麋鹿
　　正在亡命奔逃。不使狼群逼近的唯一方法是站在没
　　及肚皮的河水中。狼群的母头狼很乐意演一出大戏，
　　带着狼群找地方休息，只留下这只麋鹿在河水中受
　　冻。这些被反复介绍过的捕食者与猎物的生存策略
　　很值得观看和拍摄。

大部分时间我都躲在这顶帆布伪装帐篷里拍摄。多数动物会忽
视它的存在，在北极圈附近的挪威斯瓦尔巴群岛上却出了一点
儿意外。事实证明，这顶伪装帐篷无法抵御北极熊的攻击，它
先是探到里面闻味儿，接着又将之压扁在地。

在斯瓦尔巴群岛拍摄北极熊期间，斯泰纳尔·阿克斯内斯和我
就住在这座曾被猎手和毛皮猎人占据的小屋里。北极熊会沿门
前的溪流蹚水过来，我也有机会留下若干冰河融化后的夏日图
景，颇为震撼。

10  在浮冰间拍摄北极熊游泳是一项颇有难度的挑战。为了把一架长焦增稳摄像机安装在贾森·罗伯茨的小艇上，摄影师特德·吉福德下了一番功夫。结果超棒，一方面可以为拍摄者提供紧贴北极熊游泳的感觉，另一方面又能让小艇保持一定的安全距离。

11  野生动物摄影师的行囊很少有轻的时候，而这次为期3周的罗斯海之旅携带的器材更是非同以往。一群好奇的企鹅快闪族聚在一起看我们安营扎寨。它们对潜水员用的压缩空气瓶情有独钟。

12　斯瓦尔巴群岛中的东北地岛大部分被冰盖所覆盖。到了夏季，融化的雪水沿
冰盖的边缘奔泻入海。在拍摄这些瀑布期间，我们偶遇一头游泳的北极熊。
想必它已经游了很长的距离，因为此处的冰崖绵延 180 千米。

3 　印度班达迦国家公园似乎是一个偏僻的荒蛮之地。这里的老虎看上去过着完全自然的生活——这种印象通常会因野生动物影片而得到强化——而实际上这头幼虎处于"圈养"状态，包围它的不仅有众多的游客，而且包括为了建立这片保护区而被异地安置的农民。在我们拍摄结束后不久，这头幼虎和它的妈妈据说真的被关进了笼子，因为人们怀疑它们杀死了一位护林员。

4 　一只鸭子的智慧能胜过一头熊吗？绒鸭在巢里卧 1 个月不被发现似乎是不可能的事情，要知道北极熊每隔几天就会扫荡这片地区，寻找绒鸭的蛋，然而这只绒鸭妈妈带着自己的雏鸟安然度险。

15　在 20 世纪 60 年代末 70 年代初，游隼已经在美国密西西比河以东地区灭绝。但现在有 17 对游隼在纽约繁衍生息。这种鸟类引人注目的恢复过程为野生动物的保护探索出了一条希望之路。这只游隼把巢筑在了哈德孙河附近一座教堂的塔楼上。

16　保护荒野环境和珍贵的野生动物至关重要，但平衡各方相互冲突的利益并非易事。

17　所有猫科动物都有敏锐的感官，而且往往行踪诡秘。在加拿大育空地区的森林里拍摄时，我们发现这里的猞猁神出鬼没，难觅其踪。经过 1 个月的寻找，我们才拍摄到几组镜头和这张照片。

18  南极半岛变暖的速度比地球其他任何地方都要更快。目前，这里已经温暖到偶尔会出现降雨。企鹅雏鸟还未完全做好被淋湿或裹上一身泥巴的准备：这些全身湿透的帽带企鹅雏鸟可能死于糟糕的降雨。

19  南极变暖也在影响鸟类中最依赖冰的阿德利企鹅。海冰下是磷虾至关重要的繁殖场，而磷虾是阿德利企鹅主要的食物来源。随着海冰融化，它们可能不得不迁往更靠南的地区，但它们这样做的机会是有限的，因此，阿德利企鹅也许会成为气候变化早期的牺牲品。

20  这里是位于南大西洋上的伯德岛。蹲伏在好斗的毛皮海豹中间真不是胆小者所能承受得了的。公海豹很有力气，攻击性强，还有经常用来对付外来者乃至同类的尖牙利齿。照片中用旧油桶改造的"移动堡垒"派上了用场，躲在里面的我既能集中精力拍摄又不用担心被咬伤。

21  伯德岛上的科学家团队有时需要到码头上去，不过大群正处于繁殖期的毛皮海豹会挡住他们的去路。小路虽然难行，但一定要走一遭，为的是造访岛上最早的厕所——就在旗杆旁的小屋里。

22 在海上闯荡 5 年之后，漂泊信天翁会返回栖息地寻找配偶。雄鸟一边与来访的雌鸟（右）"耳鬓厮磨"，一边炫耀自己巨大的翅膀。漂泊信天翁拥有所有鸟类中最长的翼展。在这些信天翁当中，有些个体比我都年长很多，很多对漂泊信天翁都终生厮守。

23 在夏季的几个月里，很多北极熊都会遇到食物短缺的情况，尤其是带着幼崽的母熊。为了拍摄母熊一家，特德需要戴上兜帽并盯着监视器。母熊不仅饥肠辘辘、小心多疑，还离特德非常近。贾森在小艇驶出安全距离之际拍下了这张照片。

24    生活在弗伦奇弗里盖特沙洲的海鸟很少见到人类，所以表现得非常温顺。这架摄像机是周围的最高点，
      顺理成章地成为这只鲣鸟的落脚点。顺便透露个小秘密：在拍摄虎鲨试图偷袭首次飞离出生小岛的信
      天翁幼鸟时，就有海鸟落在我的头顶陪伴我。

25 在中国，我试图拍摄另一种神秘且机警的动物。发现这根因换羽而脱落的羽毛似乎意味着白鹤就在附近。晶莹的水珠仿佛一枚枚微小的透镜，让自然界中一种最为奇妙的结构纤毫毕现。